U0172150

出版物设计

（第二版）

主　编　喻　荣　宗　林　李佳龙

副主编　彭中军　刘　佳　黄　菁　何礼华

参　编　张之明　熊　伟　陈　静　杨梦姗　曹世峰

　　　　黄　俊　李　妍　王雅洁　胡飞扬　朱　旋

　　　　吕凯悦　程　萍　殷晓蕊　胡姝帆　韩　钰

　　　　朱丹阳　王怡鸥　董紫阳　李丽莎

华中科技大学出版社
http://press.hust.edu.cn
中国·武汉

内 容 简 介

本书共分为 6 章：出版物设计概述、出版物设计与品牌塑造、出版物设计创意表现、出版物设计装订工艺、出版物设计实施流程和出版物设计印刷工艺。通过对本书的学习，品牌经营者可以利用品牌塑造的基本方法，将出版物设计与其他形式的设计整合起来，使品牌形象不仅具有外在的差异性，更具有内在的一致性，从而创建和维系良好的品牌形象，并持续提升品牌附加值。

图书在版编目（CIP）数据

出版物设计 / 喻荣，宗林，李佳龙主编. —2 版. — 武汉：华中科技大学出版社，2024.2
ISBN 978-7-5772-0566-3

Ⅰ.①出… Ⅱ.①喻… ②宗… ③李… Ⅲ.①出版物 – 设计 Ⅳ.①TS801.4

中国国家版本馆 CIP 数据核字(2024)第 043535 号

出版物设计（第二版）
Chubanwu Sheji (Di-er Ban)

喻 荣 宗 林 李佳龙 主编

策划编辑：彭中军
责任编辑：彭中军
封面设计：孢 子
责任监印：朱 玢
出版发行：华中科技大学出版社（中国·武汉）　　电话：(027) 81321913
　　　　　武汉市东湖新技术开发区华工科技园　　邮编：430223
录　 排：武汉创易图文工作室
印　 刷：武汉市洪林印务有限公司
开　 本：889 mm×1194 mm　1/16
印　 张：7
字　 数：258 千字
版　 次：2024 年 2 月第 2 版第 1 次印刷
定　 价：49.00 元

本教材引入了出版物设计领域的新理念、新方法，将国内外最新设计作品融入课程内容，注重理论与手工实践相结合，从学科整体高度把握出版物设计的教学实践和应用。本教材引用了大量来自教学、科研、企业的典型案例，增加了教学实践的成果展示，从而提高了本教材的专业针对性与拓展性。

本教材拓展了传统出版物设计课程仅限于纸媒出版物设计的范畴，使出版物设计具有与市场更接近的品牌战略联系，并突破了传统出版物设计课程只停留于操作程序、版式的解释，将出版物设计拓展到以品牌塑造为主导的整体视觉设计。本教材让学生把握品牌的概念，以更富有整体性且不失变化和新意的思维方式去进行出版物设计的视觉规划。这种教学方式更能激发学生的创造力和兴趣，并且可以弥补学生在校期间实践能力弱的缺陷，使学生能尽快体会商业设计的思维方式，将各专业课程综合运用，以迅速适应商业市场的需要。

本教材共分为6章，主要内容包括出版物设计概述、出版物设计与品牌塑造、出版物设计创意表现、出版物设计装订工艺、出版物设计实施流程和出版物设计印刷工艺。通过对本教材的学习，品牌经营者可以掌握品牌塑造的基本方法，将出版物设计与其他形式的设计整合起来，使品牌形象不仅具有外在的差异性，更具有内在的一致性，从而创建和维系良好的品牌形象，并持续提升品牌附加值。

本教材根据艺术设计专业的特点及市场人才需要，将现有的常规教学模式转变为项目驱动教学模式，通过实践教学提高教学质量，提高学生的实践动手能力，以适应企业及用人单位的需求。本教材淡化了理论的说教，建立了一个探讨实训的教学平台，使本教材具有一定的应用和推广价值。

本教材适用于所有工商企业及其他组织中志在品牌经营的中高层管理者，管理咨询公司、市场调查公司、品牌设计公司、广告公司、公关公司、培训公司等智力服务机构的专业人员，高等院校艺术专业、广告专业及经管专业的师生和商学院MBA。同时，本书还可作为企业管理人员的培训用书，以及对品牌设计及出版物设计感兴趣的所有读者的参考书。

本书包含了作者在多年的专业教学中的经验和体会，甚至还有一些奇思异想，试图寻求一些启迪学生智慧的良策。限于作者自身水平，书中疏漏及不妥之处在所难免，望读者批评指正。

编　者
武昌理工学院

目录

CHUBANWU SHEJI

第一章

出版物设计概述

CHUBANWU SHEJI GAISHU

■ 任务概述 ■

学生初识出版物设计，通过对出版物设计的基本知识的学习，掌握出版物设计的基本概念，并对出版物设计的发展及现状有一定的了解。

■ 能力目标 ■

对出版物设计分类有认知，并能够对现今的出版物设计进行分类。

■ 知识目标 ■

了解出版物设计的基本内涵和不同的分类。

■ 素质目标 ■

提高学生的自我学习能力、语言表达能力和市场调查能力。

1.1
出版物设计的概念及分类

出版（publication）包括：出版的东西，尤指用于销售的印刷品；公开发表的一些信息，尤指采用印刷形式发表的信息；面向公众的信息传播方式。

书籍装帧艺术随着书籍的诞生而产生。"装帧"一词来源于日本。在中国，"装帧"一词最早出现在1928年丰子恺等人为上海《新女性》杂志撰写的文章中，并沿用至今。"装"有装裱、装订、装潢之意，"帧"为画幅的量词；"装帧"一词的本义就是将多幅单页装订起来，并进行装饰。

随着出版技术的发展和设计意识的导入，书籍装帧的概念已演变成出版物设计。出版物设计是一个整体的视觉传达过程，是指运用色彩、图像、字体、材料等元素来展示出版物的一般内容，以及体现出版物的基本精神和作者思想。它通过对出版物的结构、形态、封面、材料、印刷、装订等内容的设计，使出版物成为满足读者需求的功能载体。本书主要以书籍为例对出版物设计进行介绍。

出版物设计是一种立体的思考行为。从装帧到出版物设计的演变主要在于思维方式的提升和概念的转换。

被誉为日本设计界巨人的日本著名书籍设计专家杉浦康平认为：一本好书是内容和形式、艺术与功能的统一，是表里如一、形神兼备的信息载体。好书体现的是和谐、对比之美：和谐为读者提供精神需求的空间，对比则是创造视觉、听觉、嗅觉、触觉、味觉五感之阅读愉悦的舞台。这意味着书籍整体设计（即出版物设计）要在有限的空间（封面、内页）里，把构成书籍的各种要素——文字、图形（图像）、色彩、材料等，根据特定内容的需要进行排列组合，对书籍的外表和内在进行全面统一的筹划，并在整体的艺术观念的指导下，对组成书的所有形象元素进行完整协调的统一设计。书籍整体设计涵盖书籍的造型设计、封面设计、护封设计、环衬设计、扉页设计、插图设计、开本设计、版式设计以及相关的纸张材料的应用、印刷装订工艺的选用等，最终达到外表与内在、造型与神态的完美统一，其凝聚成的书籍的形式意味、视觉想象、文化意蕴、材料工艺等都是书籍艺术的魅力和价值所在（见图1-1）。

图1-1　《朱熹榜书千字文》　设计者：吕敬人

出版物可以分为许多不同的类型，有七种常见的出版物类型：书籍、画册、杂志、报纸、目录、年度报告、宣传单。这七种出版物类型就对应有七种出版物设计类型，下面介绍三种主要的出版物设计类型：图书设计、画册设计、期刊杂志设计。

1.1.1　图书设计

简而言之，图书设计就是对图书的艺术设计；具体地讲，图书设计是出版专业术语，是对图书的结构与形态的设计，是图书出版过程中关于图书各部分如结构、形态、材料应用、印刷工艺、装订工艺等的全部设计活动的总称。

1.1.2　画册设计

画册设计是从品牌的性质、文化、理念、地域等方面出发，依据市场推广策略，合理安排印品画面元素的视觉关系，从而达到广而告之的目的。

1.1.3　期刊杂志设计

期刊杂志是指有固定刊名，以期、卷、号或年、月为序，定期或不定期连续出版的印刷读物。它是根据一定的编辑方针，将众多作者的作品汇集成册后出版的出版物。其中，定期出版的称期刊。

期刊杂志设计中，版面设计、字体和细节尤为重要，设计中要把握以下几点。

① 要体现期刊杂志的自身风格，在连续性变化中体现整体统一感。

② 整体协调，有层次感，简约大气。标志、刊名、期号、条形码等不要太繁杂、花哨，以便读者识别，增强记忆。

③ 所有设计元素（如图片、字体、字号、色彩等）要围绕期刊杂志的内容展开，要做到有明晰的视觉重点和层次感（见图1-2）。

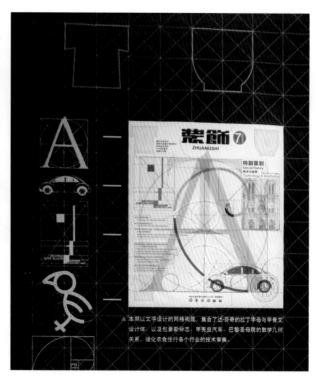

图 1-2　《装饰》杂志封面

1.2
出版物设计的功能

出版物设计的功能包括实用功能、艺术审美功能和商业功能。

1.2.1　实用功能

从出版物形态的发展变化过程来看，从简册装书到现代的电子书，这些出版物的不同形态都是随着社会的发展，为了适应需要、利于实用而产生的。因此，出版物设计有易于载录、方便翻阅、利于传播和识别、便于保护和收藏的实用功能。

1.2.2　艺术审美功能

出版物设计作为视觉传达中的重要门类，是以书籍为媒介，通过艺术形式传达信息、表达情感。其艺术性集中体现在出版物整体形态所呈现的美感上。读者在翻阅书籍的过程中与书沟通并产生互动。读者从阅读中领悟深邃的思考、生命的脉动、智慧的启示、幻想的诱发，体会情感的流露、视觉传达的规则、图像文字的美感，从而享受阅读带来的愉悦。中国美学中倡导的"书卷气"理念，值得现代出版物设计师借鉴和发扬。

1.2.3　商业功能

随着现代印刷技术的发展，以及读者的阅读层次越来越丰富，图书品种越来越繁多，竞争越来越激烈，出版物设计的商业功能越来越凸显，对出版物设计师的素质要求越来越高。出版物设计师在保证图书内容丰富的基础上，不断在出版物的结构外观、材质以及出版物各部分版式等方面推陈出新、求新立异，以吸引更多的读者（见图1-3）。

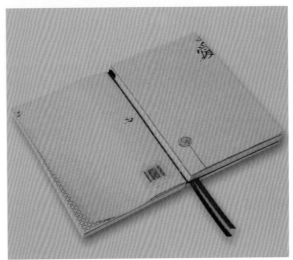

图1-3　2009年度"中国最美的书"《恋人版中英词典》　设计者：瀚清堂

1.3
出版物设计的历史演进

1.3.1　中国出版物设计的历史演进

书籍是人类文明的载体，它借助文字、符号、图形，记载人类的思想、情感，叙述人类文明的历史进程。

我国是一个历史悠久的文明古国，拥有源远流长的文化。书籍的产生和发展就是文明发展的标志之一。书籍的历史实际上反映了人类社会的发展史，并且随着人类社会文明的不断发展，书籍与人类的关系越来越密切。中国书籍装帧的起源和演进，至今已有两千多年的历史。中国书籍装帧在长期的演进过程中逐步形成了古朴、简洁、典雅、实用的东方特有形式，在世界书籍装帧设计史上占有重要的地位。

1. 初期阶段

所谓书籍的初级形态，是指早期的文字记录或者档案材料，如结绳书（见图1-4）、契刻书、图画文书、陶文书、甲骨文书（见图1-5）、青铜器铭文、石刻资料等，它们具有书籍的某些要素，因此可以把它们称为初期书籍。

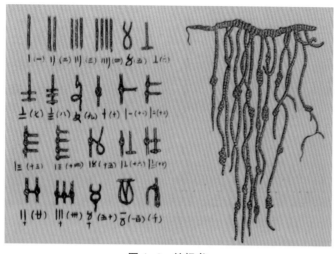

图1-4 结绳书

图1-5 甲骨文书

2. 正规阶段

大量的学者认为我国书籍的正规形态是从简策书开始的。书籍的正规形态主要受材料的制约，用不同的材料可以制作不同形态的书籍。正规阶段的书籍形态包括简策书、木牍书、帛书、卷轴装书、旋风装书、粘页装书等。我国书籍用料的发展顺序是竹、木、缣帛和纸。材料的不同也就导致产生了不同的装订方法。

1）简策书

简策产生于周代（约公元前10世纪），盛行于秦汉。对简策最简明的诠释就是编简成册。"策"是"册"的假借字，而"册"是象形字，其形似绳穿、绳编的竹木简。随着竹、木等书籍材料的出现，简策书替代了书籍的初级形态。古人将文字书写于带有孔眼的竹木简上，以篇为单位，将一篇简策书写完之后，以麻绳、丝绳或皮绳打结。编简一般用麻绳，用丝绳的叫丝编，用皮绳的叫纬编。简策书编好之后，以尾简为中轴卷成一卷，以便存放。为检索方便，在第二根简的背面写上篇名，在第一根简的背面写上篇次，这两根简类似于现代书籍的目录页，卷起后正好露在外面。最后将卷好的简捆好，放入布袋或筐中。盛装简策书的布袋或筐称为帙。简策书籍的这种编连卷收的方法是为了适应竹木简的特质而形成的特定形式，对后世书籍的装帧形式产生了极其深远的影响（见图1-6）。

2）帛书

在竹木简策书盛行的同时，丝织品中的缣帛也被用来制作书籍。《墨子·贵义》中有"是故书之竹帛，镂之金石，琢之盘盂"的语句。其中，"书之竹帛"指的是将记载先王之道的文字书写在竹简上或缣帛上。帛书的承载物是缣帛。缣是一种精细的绢料，帛是丝品的总称；缣帛质地好，重量轻，但价格较贵。在从春秋到东晋的上千年的时间里，缣帛和竹简一样，成了普遍采用的书籍制作材料（见图1-7）。

图1-6 简策书

图1-7 帛书

3）卷轴装书

卷轴装书始于汉代，盛行于魏晋，历经隋唐五代。东汉时期，蔡伦改进了造纸术，使当时纸的质量有了很大的提高，开始用于书写。卷轴装书的装帧形式为：将一张张纸粘成长幅；以木棒等作为轴并粘于纸的左端，轴的长度比卷纸的宽度略长；以边为轴心，自左向右卷成一卷，卷好后上下两端有轴头外露，以利于典籍的保护。这种装帧形式就是卷轴装，也称卷子装（见图1-8）。

4）旋风装书

卷轴装在一定程度上弥补了简策形式笨重、阅读不便的弊端，但有价格过于昂贵、普及性较差的缺点。卷轴装书籍的制作工序复杂，在翻阅时需要展卷、收卷，给读者带来阅读和使用上的不便。书籍装帧发展到唐代以后出现了旋风装、经折装等书籍装帧形态。

旋风装由卷轴装演变而来，是一种特殊的装帧形式。旋风装书中出现了书页，并可以双面书写。这对书籍装帧形式的演变有重要的历史作用。旋风装书的形式是：在卷轴装书的底纸（比书页略宽的长条厚纸）上，将写好的书页按顺序自右向左错落叠粘；舒卷时宛如旋风。因旋风装书展开后，书页鳞次栉比，状似龙鳞，故旋风装又称为龙鳞装（见图1-9）。

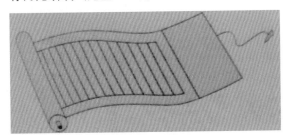

图1-8　卷轴装书

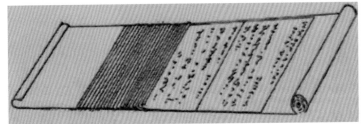

图1-9　旋风装书

3. 成熟阶段

中国书籍装帧的历史经过初期阶段、正规阶段后，便进入了成熟阶段。这个阶段的书籍装帧形式主要是册页形式。成熟阶段的书籍通常以纸为承载物。从梵夹装书开始，经过经折装书、蝴蝶装书、包背装书，到线装书为止，这些书籍形态的书绝大部分都是雕版印刷的。

1）梵夹装书

梵夹装并不是中国古代书籍的装帧形式，而是人们对古代从印度传进来的一种用梵文在贝叶上书写佛教经典的装帧形式的称呼，用贝叶写的佛经称为贝叶经。这种装帧形式的主要特点是：一页一页的单页，页和页之间并不粘连；前后用木板相夹，分别作为封面和封底，并以绳穿订，目的是保护书页。梵夹装书中的封面和封底是最早出现的封面形式，并流传下来（见图1-10）。

2）经折装书

经折装又称折子装，出现在9世纪中叶以后的唐代晚期，是在卷轴装的形式上改造而来的。唐代崇尚佛教，经折装书主要是书写佛经、道经以及儒家的经典，故取"经"字，又因为这种书已由卷轴式改成折叠式，故取"折"字，由此得名经折装。经折装书的装帧形式是：依一定的行数左右连续折叠，最后形成长方形的一叠；前后粘裱厚纸板，作为护封。经折装解决了卷轴装舒卷不便的问题，大大方便了人们阅读和取放。经折装在装裱书画、碑帖等方面一直沿用至今，经折装的出现标志着中国书籍的装帧设计完成了从卷轴装向册页装的转变。经折装虽然克服了卷轴装不易翻阅、查阅的弊病，但带来了翻阅时间长了页面连接处容易撕裂的缺点（见图1-11）。

3）蝴蝶装书

蝴蝶装书出现在经折装书之后，始于唐代后期，盛行于宋元。它是以册页为形式的最早的书籍装帧形式之一。

图 1-10　梵夹装书

图 1-11　经折装书

北宋以后，雕版印刷普及。为适应雕版印刷和方便阅读的需求，蝴蝶装书出现了。其装帧形式为：将每一印刷页向内对折，文字内容在折缝处左右各一页。打开后，书页恰似蝴蝶的两翼向两边张开，故称蝴蝶装书，又称"蝴蝶书""蝶装书"。蝴蝶装书是册页书的中期表现形态。蝴蝶装是传统书籍装帧形式之一。蝴蝶装是宋元版书的主要形式，它改变了沿袭千年的卷轴形式，适应了雕版印刷的特点，但有版心易于脱落、使读者阅读无字页面的缺点（见图 1-12）。

4）包背装书

包背装书出现于南宋后期，盛行于元明，流行于清初。包背装是在蝴蝶装的基础上发展起来的一种书籍装帧形式，是一种较为成熟的书籍形态。其印刷页采用蝴蝶装的印刷页，版心左右相对，都是单面印刷。蝴蝶装的折页是版心对版心，包背装的折页是版心相离，既便于翻阅又更加牢固。明代的《永乐大典》、清代的《四库全书》都是采用包背装。现代书籍在使用包背装形式时，往往利用现代书籍本身特殊的构造（纸张对折形成中空页），来表达设计者对于书籍内容的深刻理解，使人们在阅读的同时能够感受到一种令人愉悦的形式感（见图 1-13）。

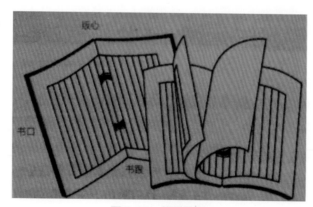

图 1-12　蝴蝶装书

图 1-13　包背装书

5）线装书

线装书是中国古代书籍装帧形式演进的最后一种形式。线装书起源于五代，盛行于明代，鼎盛于清代，至今仍在使用。

线装书的印刷与包背装书的相同，都是单面印刷；装订折页也与包背装书的相同。不同的是，线装书的折页口无包脊背纸。将线装书全书按顺序折好并配齐，然后在前后各加一张与书页大小一致的白纸折页作为护书页，最后再配上两张与书页大小一致的染色纸（也是对折页）以作封面、封底之用。在护书页前后各加一张纸，与书页折缝处戳齐，把天头、地脚及右边折口处多余的部分裁齐，加以固定；而后在离折口约 4 厘米远处，从上至下垂直分割打四个或六个空孔，再用两根丝线穿孔，一竖一横锁住书。这便是线装书的装帧形式。这种装帧形式在我国传统装帧技术上是集大成者。线装书既便于翻阅又不易破散，既美观又坚固耐用，所以能流行至今。线装书因具有极强的民族风格，至今在国际上享有很高的声誉，是"中国书"的象征（见图1-14）。

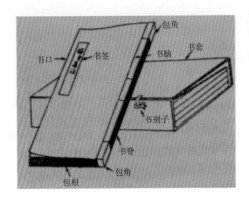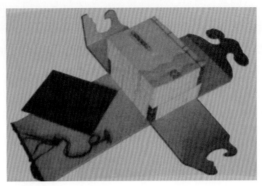

图1-14 线装书

4. 中国近现代书籍装帧设计艺术

中国近现代书籍装帧设计起源于清末民初，尤其是随着五四运动的兴起而兴起。由于五四运动的推进以及西方科学技术的引入，西方的工业化印刷代替了我国传统的雕版印刷，以工业技术为基础的装订工艺产生了。同时还催生出了精装本和平装本的装订形式，装帧设计也由此发生了结构层次上的变化，有了封面、封底、版权页、扉页、环衬、护封、正文页、目录页等重要元素（见图1-15）。此外，新闻纸、铜版纸等纸张的应用，双面和单面印刷技术的实现等，使这一时期的书籍装帧设计与过去比无论是理念上还是技术上都发生了翻天覆地的变化，使中国的书籍装帧设计艺术进入了历史新纪元。

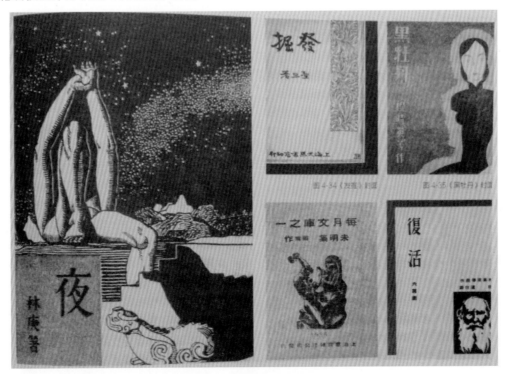

图1-15 民国时期的封面设计

20世纪60年代，我国出版物品种单一，设计作品带有明显的政治倾向，印制粗糙，设计思路狭窄，口号代替了创作，书籍装帧设计行业一度跌入低谷。到了20世纪70年代后期，书籍装帧设计行业得以复苏。进入20

世纪 80 年代，改革开放大力推进了书籍装帧设计的发展，随着现代设计概念和现代科技的积极引入，中国书籍装帧设计更加趋向个性鲜明、锐意求新的国际设计标准。中国现代书籍装帧设计中融入了现代构成主义设计理念，以及国际化的设计风格、材料肌理的呈现等。

近年来，书籍装帧艺术的设计氛围和学术气息空前浓厚，国内参与国际书籍设计赛事的设计师越来越多，并频频获奖。比如，每年在德国莱比锡举办的"世界最美的书"评选活动，由德国图书艺术基金会、德国国家图书馆和莱比锡市政府联合举办，吸引了世界上几十个国家或地区的图书设计艺术家来参选。莱比锡"世界最美的书"评选代表了当今世界图书装帧设计界的最高荣誉。近年来，我国的《梅兰芳（藏）戏曲史料图画集》荣获了 2004 年度"世界最美的书"的金奖，《曹雪芹风筝艺术》荣获了 2006 年度"世界最美的书"的金奖，《不裁》荣获了 2007 年度"世界最美的书"的铜奖，《蚁呓》荣获了 2008 年度"世界最美的书"的特别制作奖，《剪纸的故事》荣获了 2012 年度"世界最美的书"的银奖。同时也涌现出了一批知名的书籍设计专家，有吕敬人、刘晓翔、朱赢椿、吴勇、杨林青、陈楠、赵清、赵健等。此外，每四年一届的全国书籍设计艺术展、每三年一届的"中国出版政府奖"评选以及每年一届的"中国最美的书"评选吸引了众多的书籍设计专业人士和爱好者参与，产生了一大批书籍设计的优秀作品，为创造出属于新时代的中国书籍装帧风格和在世界书籍设计艺术领域确立中国书籍设计的地位，做出了不可磨灭的贡献。

1.3.2 国外出版物设计的历史演进

在书籍设计艺术发展的历程中，书籍的装帧材料、装订工艺、印刷方式等因地域、文化和历史背景的不同而各具特色。国外书籍装帧的原始形式可追溯到公元前 2500 年前后的古埃及人抄写在纸莎草纸上的典籍，并从那时开始古埃及人就把文字刻在石碑上，称为石碑书。公元前 2 世纪，小亚细亚帕加马城制作的羊皮纸，在传入欧洲后得到了大力推广，人们用其制作出华丽的羊皮纸书（见图 1-16）。

1. 国外书籍的早期形式

作为四大文明古国之一的埃及，最早使用纸莎草（尼罗河流域的沼泽地中的水生植物）的茎制成的纸莎草纸进行书写。纸莎草纸是最类似于现代纸张的材料，而纸张的英文名 paper 就源于纸莎草纸 "papyrus" 一词。对这种书籍，阅读时展开，阅读完后收卷起来，使书的开始页重新放在前面。法国卢浮宫保存有距今 4500 年的埃及纸莎草纸卷。纸莎草纸卷的具体做法是：将纸莎草的茎切成小薄片，放入两块木板之间，夹紧后再对其拍打；将书写的一面放在浮石上打磨，使之光滑；最后在制成的纸莎草纸上书写文字。

在古代的美索不达米亚地区（今伊拉克一带），黏土从公元前 4 世纪开始作为书写用的材料。当时是利用末端呈楔形的棍棒在黏土制成的板子上刻写符号，后来这些符号就成了目前已知的最古老的楔形文字。在古巴比伦，古巴比伦人与亚述人用尖角的木棒把文字刻在泥板上，再把泥板放在火上烧制、烘干，最后制成书籍。黏土书籍往往是刻有楔形文字的泥板，并注有页码。纽约的摩根图书馆（金融家皮尔庞特•摩根设在纽约的私人图书馆，被誉为文艺复兴时期的瑰宝）收藏了许多上千年前美索不达米亚地区的楔形文字黏土板（见图 1-17）。

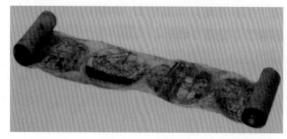
图 1-16 羊皮纸书

图 1-17 黏土板

2. 欧洲的手抄本

欧洲的手抄本产生于罗马帝国。抄本这种书籍的形态与今日的书籍形态相同。抄本包含了连续多张脊部固定在一起的纸页和封面，封面或多或少带有华丽的装饰，精美程度依据书籍的重要性而定。教会和宗教团体在文字和书籍的发展过程中起了重要的作用，他们把文字和书籍看得相当神圣，把书籍看作神的精神容器，因此不惜工本地对书籍加以修饰，包括彩绘、插图、花体文字和装饰纹样。他们对不同的书籍运用多种不同的创新技法和装饰技术，开始进行现代所谓的装饰。书籍的封面具有双重功能：一是封面可用来保护内部的书页；二是封面能提升书本的地位并起到加固的作用，便于阅读或随身携带。当时发明了各种对书籍具有保护功能的用品，通常是在木板上加皮革、布、金属或其他适合的材料。例如，用牢固耐用的独特木盒装书既方便使用者辨认盒中的书籍，同时也有助于保护内容物；而这种木盒结构中有不少部分是以金属零件加固或锁住的，但其周边留有足够的空白部分可供发挥创新、添加装饰。

3. 古登堡时期的书籍

15世纪前后的欧洲，由于经济和文化的迅速发展，手抄本已无法满足日益增长的社会需求。随着中国活字印刷术的传入，欧洲的印刷术有了新的发展。德国的古登堡将胶泥木刻活字改良成金属活字、铅铸活字，同时发明了木质印刷机，大大提高了印刷的速度与质量。古登堡的这些改进与发明使欧洲摆脱了中世纪的手抄本时代，印刷业得到迅速发展。古登堡的活字印刷术迅速在欧洲传播开来，并得到广泛应用。古登堡用活字印刷术印刷了第一本完整的《圣经》：文字分两栏编排，版面工整，插图与文字结合在一起编排，使阅读更加愉悦，带有一定的趣味性。古登堡印刷的《圣经》是西方活字印刷术于15世纪中叶发明后最早生产的书籍，它不仅象征了文明的跃进，其本身也是一件艺术品，在全世界仅存四十余部（见图1-18）。

4. 欧洲文艺复兴时期至18世纪的书籍

14世纪，欧洲开始了文艺复兴运动，人文主义是文艺复兴时期的思想纲领，书籍的传播从原有的宗教内容的书籍传播转变为自然科学书籍、医药书籍、文法书籍、经典作家出版物以及地图书籍等的传播。书籍的商品化促进了这一时期的书籍以及书籍装帧设计的进一步发展和成熟。在16世纪文艺复兴晚期，意大利著名建筑师帕拉第奥（1508—1580）于1570年出版的《建筑四书》是西方著名的建筑论述书籍。帕拉第奥在书中设计了217幅细致的木刻版画（见图1-19）。

图1-18　古登堡印刷的《圣经》

图1-19　《建筑四书》　作者：帕拉第奥

5. 19世纪至今的书籍设计艺术

19世纪，在工业化、民主意识和城市化浪潮的推动下，工业革命的影响无所不至，工业书籍的印量增长迅猛，这种工业书籍能够吸引更多的消费者，是因为它们的价格更低，而且更加实用，但工业书籍逐渐丧失了传统手工书籍的品质和独特性。虽然传统书籍装帧工艺确实从未完全失传，但其地位已经被工业技术取代。此外，随着各种新材料的出现以及以消费主义和量胜于质为基础的新思维的兴起，书籍生产逐渐走向为大众提供商品，而不是为少数人提供品质优良的商品。以前，书籍只有少数人能够使用，但现在却变得极为普遍，成为平民百姓都买得起的商品。

19 世纪和 20 世纪的出版商大多采用纸张、纸板布和之后兴起的塑料作为书籍装帧的材料，这是因为他们必须呼应消费者对于更便宜的产品的需求。品质达不到爱书者藏书等级的书籍装帧多半只具有保护功能，而无法兼具对于书籍美观的需求。由于摄影和印刷品变得极为普遍，照片和图片就成了装饰大部分书籍封面的理想材料。发展出的成品之一的封面纸套就是以装饰功能为主的装帧用品（见图 1-20）。

6. 数码时代的书籍设计艺术

20 世纪 80 年代，计算机广泛运用于设计界，使书籍设计进入了一个技术革新的全新时代。各种设计软件的辅助和数字媒体技术的渗透，使书籍在从设计到出版发行的各环节都发生了翻天覆地的变革（见图 1-21）。

图 1-20　《宇宙地图集》　设计者：杰拉杜斯·麦卡托　　　图 1-21　《梦的实质》　设计者：瓦莱丽·哈蒙德

1.4

出版物设计的发展趋势

20 世纪以来，出版物设计与其他领域一样，受到新观念、新材料、新工艺的广泛渗透，在形式上、功能上、材料上更趋多元化。

现代电子技术和激光技术的广泛应用使书的形态发生了翻天覆地的变化，例如出现了会说话的书、能活动的书、立体的书等。当今出现的视盘书是一种通过一种特殊的激光方法把图像和声音录到视盘上，阅读时再把放映机接到电视机上收看的书籍；还原后的图像和声音既可以显示物体的运动情况，也可以显示一些微妙的现象，例如原子核的破裂、物质分子的运动等。

1.4.1　概念书的设计

概念书的设计为书籍艺术提供了一种新的思维方式和各种可能性。概念书籍的创意与表现可以从它的构思、写作、版式设计、封面设计、形态、材质、印刷、发行销售等环节入手，可以运用各种设计元素并尝试组合使用多种设计语言，可以是对新材料和新工艺的尝试，可以采用异化的形态以及提出新的阅读方式与信息传播和接收方式，可以是对现代生活中主流思想的解读和异化，可以是对现有书籍设计的评判与改进，也可以是对过去的纪念或是对未来的想象，还可以是对书籍新功能的开发。在概念书籍的设计中，无论是对规格、材质、色彩还是对开合方式、空间构造等，都没有严格的规定或限制。因此，概念书籍设计要求设计师必须有熟练的专业技巧、超前的设计理念，同时还必须有良好的洞察能力，能站在更高的视点上。概念书籍设计中大胆的创意、新奇的构思往往能给人留下非常深刻的印象。有些书的形态超乎想象，这些概念书籍的特别之处就在于它们的外在形态与材质（见图1-22和图1-23）。

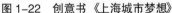

图1-22 创意书《上海城市梦想》　　　　　图1-23 立体书《宝马汽车宣传册》

概念书籍集创意性、趣味性、时代性于一体，从书的结构、材料、印刷和阅读方式等方面打破了传统，给读者以意想不到的创意点和崭新的视觉表现，是对未来书籍形态的探索和尝试。

1.4.2 电子书的设计

进入21世纪以来，随着互联网和现代通信电子技术的发展，书籍电子化的脚步加快。海量的信息容纳空间，轻薄、便携的阅读终端等一系列新技术、新设备的出现，预示着全新的阅读时代的到来。电子书在继承传统书籍功能的同时，摆脱了材料的束缚，形成了一种全新的独具特征的传播媒介。计算机与网络观念的普及，为电子书的发展奠定了基础。

国家新闻出版总署将电子书定义为将文字、图片、声音、影像等信息内容数字化的出版物。其具体所指的是植入或下载数字化文字、图片、声音、影像等信息内容的集存储介质和显示终端于一体的手持阅读器。电子书利用其丰富的多媒体信息和良好的互动性，能有效避免传统书籍只有静态的文字和图片的单一性；集多种感官刺激于一体，可以调动读者的积极性。电子书具有可在移动设备上阅读、方便与人分享、储存容量大、无纸化传播、符合绿色环保要求等优势，被认为是书籍未来的发展趋势（见图1-24）。

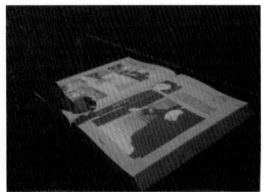

图1-24 电子书

经常使用的电子书籍制作工具主要有 iebook、Zmaker 杂志制作大师等软件，每一种电子书籍制作软件都有其与众不同的特点。

1.4.3 新材料、新工艺、新创意的渗透

现代，人们在装饰各类书籍或为书籍赋予个人风格时会自发地采用新的艺术处理技法，使这些书籍（无论是商用还是自用或版售）具有相当独特的外观。有许多其他艺术处理技法也能作为现代书籍装饰工艺的灵感来源，比如很多当代艺术家使用的混合材料技法；再有很多书籍艺术作品俨然艺术品一样，崇尚个人主义而非遵循特定的风格。其实，这些新的处理行为都是对工业制造和大批量生产的反叛。对于现代书籍设计者而言，能游刃于艺术和技术之间进行书籍设计，才能创作出极具生命力的作品。

21 世纪的书籍艺术提供了很多新范例和新风格，是绝对能与古典艺术并列成为创作时的灵感来源的。伴随新材料、新工艺的出现，设计师更应突破传统的设计理念，更应充分利用这些新科技，从而设计出更加新颖和独特的出版物（见图 1-25 和图 1-26）。

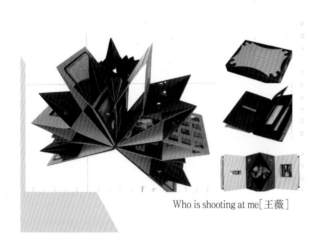

Who is shooting at me[王薇]

等[吴瑶瑶]

图 1-25 创意书《Who is shooting at me》　　　　　　图 1-26 创意书《等》

课后练习，具体内容如表 1-1 所示。

表 1-1 实训一

实训名称	理解出版物设计的概念
实训目的	通过理解出版物设计的基本概念，初步理解出版物设计的功能作用，了解出版物设计的具体分类
实训内容	收集至少 3 种自己感兴趣的出版物设计资料进行分析
实训要求	分小组讨论自己所理解的出版物设计。 分析不同种类出版物设计的差异性。 将小组讨论的结果编写成文字报告交给任课老师点评
实训步骤	分组，确定分析对象，小组讨论，归纳同学的讨论发言，编写成文字报告
实训资料	《书籍设计基础》《书籍设计与印刷工艺》《书艺问道》《什么是出版设计》《手工装帧基础技法 & 实作教学》《品牌设计》
实训向导	对某一类出版物设计感兴趣的同学自愿组合分组。 讨论的侧重点放在出版物设计的基本概念上，同时加强对出版物设计的功能作用的理解。 通过对实例的了解，侧重个案的剖析与理解
实训体会	

第二章

出版物设计与品牌塑造

CHUBANWU SHEJI YU PINPAI SUZAO

《出版物设计报告》

■ 任务概述 ■

学生初识品牌塑造，通过对品牌塑造的基本知识的学习，掌握品牌塑造的基本概念，并对品牌的分类有一定的了解。

■ 能力目标 ■

对出版物设计与品牌塑造的关系有认知，并能够对现今的出版物设计和品牌进行分类。

■ 知识目标 ■

了解出版物设计的基本内涵和不同的分类，了解品牌设计的基本内涵和不同的分类。

■ 素质目标 ■

提高学生的自我学习能力、语言表达能力和市场调查能力。

2.1

品牌定义

品牌的英文单词是 brand，意思是烙印。其最初的含义是指在牲畜身上烙上标记，以使自家的家畜与别人家的相区别。到了中世纪，欧洲的手工艺人在自己打造的工艺品上烙下标记，以便顾客识别，这可以算作最初的商标。这是因为这时的标记除了起到识别作用外，更有品质保证的意思在里面。随着时间的推移和商业格局的变迁，品牌承载的内涵在不断地扩大。今天，说到品牌，它已演变为一个复合的概念。站在受众的立场，对品牌的理解是名称、术语，是标记、符号，是包装款式、广告形象，是价格水准、品质信誉。

借用广告大师奥格威对品牌的定义，品牌是一种错综复杂的象征，它是产品属性、名称、价格、历史、文化、声誉、品质、包装、广告风格等方面留给消费者的印象的综合体。品牌是组织、产品或服务的有形和无形的综合表现，其目的是辨认组织、产品或服务，并使之同竞争对手的组织、产品或服务区别开来。品牌内涵图如图 2-1 所示。

图 2-1　品牌内涵图

2.2
品牌塑造

2.2.1 品牌设计

品牌设计是从战术性设计到战略性设计。如图 2-2 所示，品牌设计是品牌经营价值链中不可或缺的战略性运作环节，但大多数品牌经营者却忘记或者忽视品牌设计之于品牌经营的战略性价值，仅仅将其视为一种战术性的工具来使用。这一点可以从企业的组织架构、职能分工、岗位描述、业绩考核和培训计划中获知。在以往的经验中，中国大多数本土企业要么内部缺乏专业的品牌设计团队，设计作业皆求助外援且外援设计伙伴经常变化，要么只是在企业组织内部设立一个附属性的品牌设计部门，完成一些简单的产品包装设计或者广告用品设计。这些企业从未站在整个品牌经营的高度制定设计定位和策略，对设计语言和品牌风格所知甚少，缺少对设计作品必要的鉴别能力。

实际上，几乎所有关于品牌的运作都涉及品牌设计，从新产品的概念开发到产品的包装统筹，从营销网络的拓展到零售空间的管理，从团队建设到品牌活力的维系，都应该由整体的设计一以贯之，形成稳定的有差别化价值的整体品牌识别和实物表现系统，促生和维系品牌价值。很显然，在产品同质化程度越来越高、消费需求日益细分的大背景下，如果品牌设计应有的地位未能确立，应有的潜力远未发挥，品牌经营就会遇到阻碍。

品牌设计的原始目的在于识别，从更严格的意义上讲，品牌设计就是品牌识别的设计。通过品牌识别的设计，传达品牌的愿景，丰富品牌的内涵，体现品牌的个性，提升品牌价值，进而建立和维持消费偏好。基于这样的理解，无论是新品牌的设计还是老品牌的再设计，无论是进行产品设计还是传播设计，抑或是空间设计，在品相的把握上必须依从这样的品牌设计流程（见图 2-3）：通过市场洞见和品牌借鉴确定品牌核心识别，进而推导出品牌主题和品牌风格特性，在此约束下确定品牌设计项目的优先级，进而展开实务化的品牌设计。

图 2-2 品牌设计在品牌经营上的位置图

图 2-3 品牌设计流程

2.2.2 品牌种类

品牌的分类标准有很多。以下列举了几个比较有代表性的分类形式。

1. 企业品牌

企业品牌特指生产制造商的品牌。图 2-4 所示为重庆师范大学学生的企业品牌出版物设计作品。使消费者熟知制造商品牌往往是借由其生产的产品的知名度来实现的。很典型的一个例子，宝洁公司（P&G）旗下的飘柔、佳洁士、玉兰油、帮宝适等均已是响当当的品牌了，消费者出于对这些品牌的产品的好感进而对宝洁公司青睐有加，如图 2-5 所示。

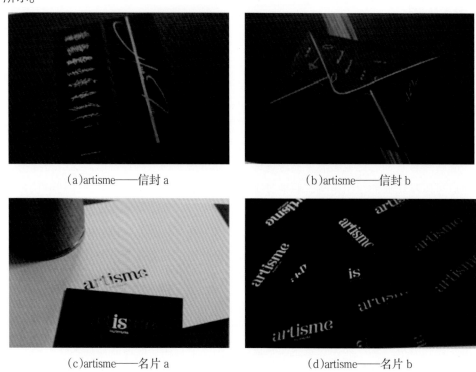

(a)artisme——信封 a   (b)artisme——信封 b

(c)artisme——名片 a   (d)artisme——名片 b

图 2-4　企业品牌出版物设计作品（重庆师范大学）

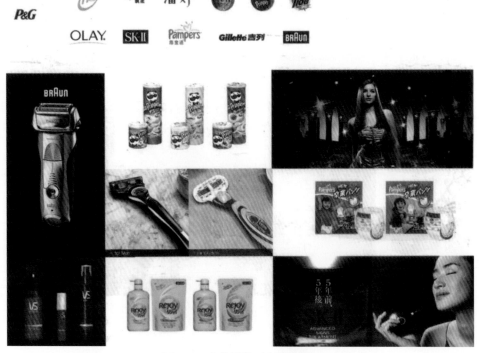

图 2-5　企业品牌（宝洁公司）

关于品牌，宝洁公司的原则是：如果某一种类产品的市场还有空间，那么最好那些其他品牌的产品也是宝洁公司的产品。宝洁公司的这种多品牌策略让它在各产业中拥有极高的市场占有率。举例来说，在美国市场上，宝洁公司有8种洗衣粉品牌、6种肥皂品牌、4种洗发精品牌和3种牙膏品牌，每种品牌的诉求都不一样。宝洁集团总部展厅的墙面上罗列着旗下在全球市场开发的一系列品牌。

2. 产品品牌

顾名思义，产品品牌是为产品设计的品牌。图2-6所示为产品品牌出版物设计作品示例。通常，在被人们所认知的品牌中属于产品品牌的占绝大多数，毕竟与消费者直接接触的是产品。正因为如此，有些企业在看到其打造的产品品牌更具市场号召力的时候，便将其企业品牌与产品品牌进行合并。其实，这样的例子还不少，如苹果、耐克、索尼、娃哈哈等既是产品品牌又是企业品牌。

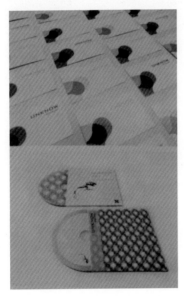 

(a)UNKNOW ART GALLERY 名片 +CD　　　(b)UNKNOW ART GALLERY 礼品盒

图 2-6　产品品牌出版物设计作品（UNKNOW ART GALLERY）

苹果公司的产品类别多样，包含电脑台式机、笔记本电脑、电脑配件、软件、iPod音乐播放器等，均以同一品牌标识，如图2-7所示。

图 2-7　产品品牌（苹果公司）

3. 空间品牌

空间品牌主要指为商场购物场所、展会、博物馆、机场、火车站等大型公共场所设计的品牌，以及环境主题品牌。图 2-8 所示为空间品牌出版物设计作品示例。空间品牌中有部分与消费者接触甚密，比如沃尔玛、家乐福、百安居这类商场或卖场的品牌，这些空间品牌具有一定的知名度。

（a）　　　　　　　　　　　　　　　　（b）

图 2-8　"意有所纸"空间品牌出版物设计作品

另外，日本科学未来馆作为展览活动场所的空间品牌设计（包含视觉识别），有诸如导引、指示等作用。该空间品牌设计充满人性化的创意给人亲和、现代、高科技的美好联想（见图 2-9）。

图 2-9　空间品牌（日本科学未来馆）

2.3
出版物结构要素

出版物的结构要素如图 2-10 所示。

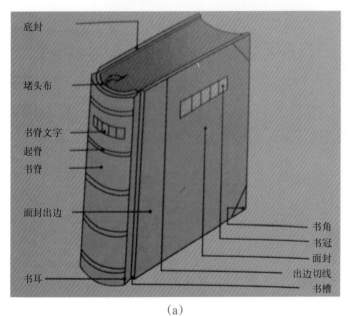

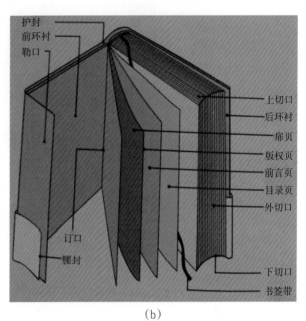

图 2-10　出版物结构要素

2.3.1　出版物结构要素设计

1. 封面（护封）设计

封面包括平装和精装两种书的封面。平装书（含半精装书）的封面是软封，与书心在书脊处粘贴为一体。精装书的封面包括护封和硬封两部分，其中，护封是独立封面，是可以拆下来的。封面一般由封面、封二、封底、封三和书脊五个部分组成。软质封面还带有前后勒口的结构。封面印有书名、副书名、作者名（以及译者名）和出版者名，多卷书要印卷次。为了丰富封面，可在封面上加汉语拼音、外文书名、目录或适量的广告语（见图 2-11）。

护封，英文称之为 dust jacket 或 wrapper，中文名俗称防尘护套，也称包封、护书纸、护封纸，是包在书籍封面外的另一张外封面。其高度与书高相等，长度较长，其前后各有一个 5 到 10 厘米向里折进的勒口（折口）勒住封面和封底，使之平整。勒口尺寸一般以封面宽度的二分之一左右为宜，从而起到保护封面和装饰的作用。

现代的护封设计一般采用高质量的纸张，前后勒口既可以保留空白，也可以放置作者肖像、作者简介、内容提要、故事梗概、丛书目录、书籍宣传文字等（见图 2-12）。

2. 腰封设计

腰封也称为书腰纸，是书籍附封的一种形式，是包裹在书籍护封中部的一条纸带，属于外部装饰物。

（a）　　　　　　　　　　　（b）

图 2-11　封面设计示例

（a）　　　　　　　　　　　（b）

图 2-12　护封设计示例

腰封一般用牢固度较强的纸张制作，其宽度一般相当于书籍高度的三分之一，也可更宽些；而其长度则必须达到能包裹封面、封底、书脊的长度，且前后各有一个勒口。腰封的主要作用是装饰封面或补充封面的表现不足，还可以对书籍做广告宣传（见图 2-13）。

图 2-13　腰封设计示例

3. 书脊设计

书脊是将书从二维的平面化形态变成三维的立体化形态的关键要素，在出版物设计中是仅次于封面的重要视觉语言。书脊上承载的信息有书名、作者名、出版社名，在丛书的书脊上还要印上丛书名。书脊是书的"第二张脸"。书脊的内容和编排格式由国家标准《图书和其他出版物的书脊规则》（GB/T 11668—1989）规定。宽度大于或等于5毫米的书脊，均应印上相应内容（见图2-14）。

（a）　　　　　　　　　　　　　　　　　　　　（b）

图2-14　书脊设计示例

4. 封底设计

封底是整本书的最后一页，其内容一般涉及书籍内容简介、作者简介、封面图案的补充、图形要素的重复、责任编辑和装帧设计者署名、条形码、定价等。这些内容除了条形码和定价必须有之外，其他内容可以根据需要而定（见图2-15）。

5. 环衬设计

环衬是设在封面与书心之间的衬纸，也叫连环衬页或蝴蝶页。环衬可增加图书的牢固性，并起装饰作用。环衬一般有前、后环衬之分，连接封面和扉页的环衬称前环衬，连接正文与封底的环衬称后环衬。环衬的用纸一般贴封面的较薄，贴书心的较厚。环衬页的材料、色彩、图形、肌理的选择要与书籍其他结构要素的设计取得对比与和谐，产生视觉上的连续感（见图2-16）。

 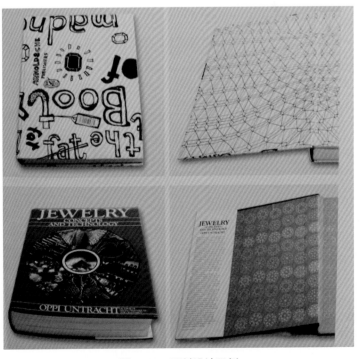

图2-15　封面、封底设计示例　　　　　　　　　　图2-16　环衬设计示例

6. 扉页（正扉页）设计

从书籍的发展历程看来，扉页的出现源于对书籍阅读功能和审美功能的需要，扉页是书籍不可或缺的重要组成部分。扉页是封面与书籍内部之间的一座桥梁。一本经典的书籍若缺少扉页，就好比白玉有了瑕疵，减少了其收藏价值。扉页也称内封、副封面，在整个设计结构上起联系封面和正文及承上启下的作用（见图 2-17）。

图 2-17 扉页（正扉页）设计示例

7. 目录页设计

目录又称目次，是全书内容的纲要，是读者迅速了解书籍内容的窗口。目录可以放在书的前面或后面。科技类书籍的目录必须放在前面，起指导作用。如果序言对书的结构和目录已有所论及，目录就应放在序之后。文艺类书籍的目录有放在书末的情况。目录页设计要条理分明、层次清晰，并统一在整个书籍设计的风格之中。设计师在设计目录页时要善于利用版面的空白，使读者在阅读时产生轻松愉悦之感（见图 2-18）。

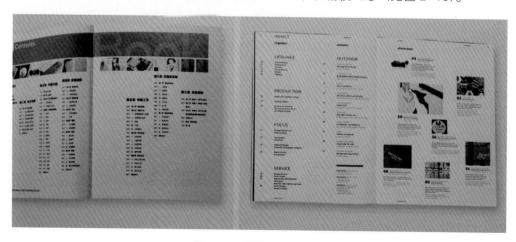

图 2-18 目录页设计示例

8. 订口、切口设计

订口是指从书籍订处到版心之间的空白部分。直排版书籍的订口多在书的右侧,横排版书籍的订口则在书的左侧(见图2-19)。

切口是指书籍中除订口外的其余三面切光的部分,分为上切口、下切口、外切口。

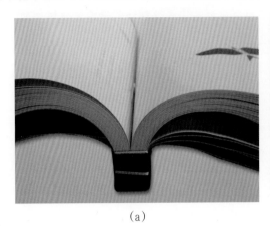 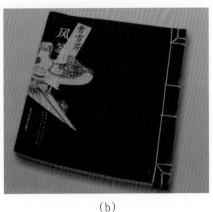

(a) (b)

图2-19 订口、切口设计示例

9. 正文设计

书籍的正文设计指书籍本体内容的阐述,是书籍最本质、最核心的部分。书籍正文设计要素包括文字、图形(或图像)、色彩、版式等视觉要素。书籍的正文设计涉及各类文字的应用,包括字体的字形、大小、字距和行距的设定,在设计正文时应考虑这些设定要符合不同年龄读者的要求。因此,正文的文体设计必须考虑易读性,正文的版式设计不易夸张,便于文本有效地反映书籍内容、特色和著译者的意图等信息。书籍正文的图形(或图像)的位置与正文文字、版面的关系要恰当,除了起烘托和渲染主题内容的作用之外,还应达到美化版面的目的。书籍正文的设计应注意区域的色彩对比明确,版面的色调协调统一、层次分明,达到增强正文版面的视觉感染力的效果(见图2-20)。

图2-20 正文设计示例

10. 版权页设计

版权页也称为版权记录页，一般设在扉页的背面或正文的最后一页，是每本书出版的历史性记录。版权页一般以文字为主，包括书名、著作者、编译者、出版单位、制版单位、发行单位、开本、印张、版次、印数、出版日期、字数、插图数量、书号、定价和图书在版编目（CIP）数据，也有加印书籍设计和责任编辑姓名的。版权页的作用在于方便发行机构、图书馆和读者查阅。版权页是国家检查出版计划执行情况的直接资料，具有版权法律意义。版权页的设计应简洁清晰、便于查阅（见图2-21）。

图 2-21　版权页设计示例

11. 前言、序言、后记页面设计

前言也称"前记""序""叙""绪""引""弁言"，是写在书籍或文章前面的文字。书籍中的前言刊于正文前，主要说明书籍的基本内容、编著（译）意图、成书过程、学术价值及著译者的介绍等，由著译编选者自撰或他人编写。文章中的前言多用来说明文章主旨或撰文目的，也可以理解成所写东西的精华版。后记指的是写在书籍或文章之后的文字，多用以说明写作经过或评价内容等，又称跋或书后（见图2-22）。

（a）

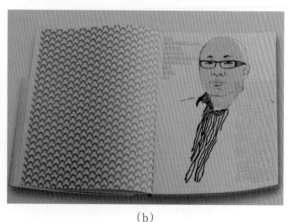

（b）

图 2-22　前言、序言页面设计示例

2.3.2　出版物内部特殊结构设计

本小节主要对立体书内部的特殊结构的基本折法进行讲述，可供设计者在实践过程中参考。立体书设计属于出版物设计的特殊领域，任何有心投入这个领域的设计者都必须对立体纸艺的基本原理了如指掌。无论对虚构文类还是对纪实文类，都可以利用立体书的形式让内容更加生动活泼。

立体书内部的特殊结构设计采用立体结构来展现书籍内容，一般都是提前将纸张或纸板制作成立体插页，然后将立体插页折叠后粘贴在装订好的两个对开页面上。当翻开页面时，靠两个对开页面的分离来展开折叠的插页，使插页构成立体形状。

纸张的折叠是赋予设计印刷品使用功能的一种方式。不同的折叠方法可以让印刷品具备不同的阅读方式，而且是设计者进行创意发挥的一个必不可少的重要切入点。以下为纸张折叠的几种基本折法。

（1）四方平行折法。四方平行折法的垂直部分与水平部分的长度相等（长度1= 长度2），而竖直方向的长度（长度3）则可以任意增减，形成各种立方体（见图2-23）。

（2）短面配长面折法。短面配长面折法的垂直部分与水平部分的长度不相等，长度1= 长度3，长度2= 长度4，而不限长度5的长度。此折法可形成立体矩形（见图2-24）。

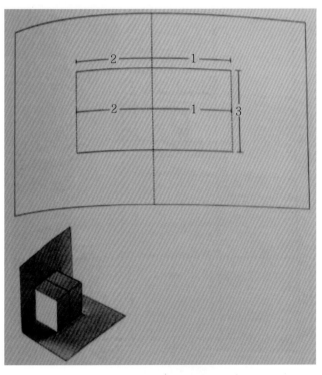

图2-23　四方平行折法

图2-24　短面配长面折法

（3）小角配大角折法。小角配大角折法形成了一个大角（∠1=60°）和一个小角（∠2=30°），其中，长度3= 长度6，长度5= 长度4（见图2-25）。也可以将折线设于菱形正中央，形成一个折角相等的立体造型。

（4）三角拱式折法。图2-26中的展开图上的青色线条为三角拱形的横跨图。其中，长度1= 长度2，长度4= 长度5；长度4> 长度1，长度5> 长度2。减少长度1和长度2或增加长度4和长度5，就会形成更尖、更瘦、更高的三角拱形。此立体造型可以贴在书页表面，或利用纸舌插入沟缝，再粘贴在底页的背面；两边纸舌至少要有一边穿过沟缝，这样才能够提高立体造型的强度。

（5）立柱折法。立柱折法中的居中立柱位于订口，两片扶壁则各自贴附于订口两侧的页面上。长度1、2、3、

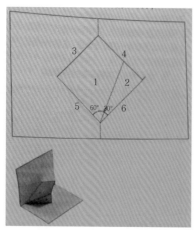

图 2-25 小角配大角折法

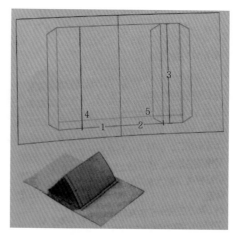

图 2-26 三角拱式折法

4 相等，长度 5= 长度 6。扶壁高度加上长度 1 的总长度应不大于页宽，否则，观赏书本时，压平的立体造型会突出于前切口。立柱与扶壁能在水平平台上形成非常稳定的基座。展开图上的纸舌 A、B、C、D 表示黏合点，灰色字母代表该纸舌穿过沟缝，贴在背面（见图 2-27）。

（6）立方体折法。在订口折合处的立方体是很常用的立体造型，可用来充当许多物体。顶部与边的折线长度全部相同。长度 1 和长度 2 相等，长度 3 决定该立方体的形状，纸舌 A、B、C、D、E、F 的长度必须一致（见图 2-28）。

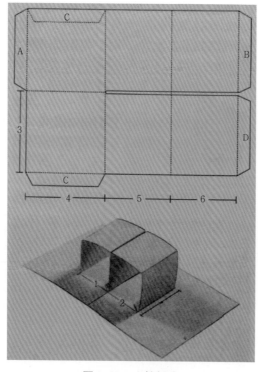

图 2-27 立柱折法

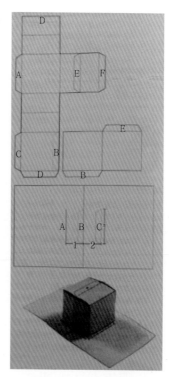

图 2-28 立方体折法

（7）圆柱体折法。圆柱体折法和正圆球体折法一样，都很难实现。这是因为在营造曲面的同时，由于结构上的需要又必须保留侧边的纸舌，纸舌 C 的长度即为该圆柱体的高度。纸舌 C 与长纸条的另一端黏合，形成柱，纸舌 A 与纸舌 B 则负责连接圆柱与底页（见图 2-29）。

（8）半圆形桥拱折法。半圆形桥拱折法中夹挤纸张的两边形成弧拱形，在底页上切出三道沟缝。一道沟缝在右页，将纸舌 B 穿进这道沟缝，加以贴固。纸的长条部分则穿过另两道位于左页的沟缝。调整矩形的长度或宽度，弧拱的弧度与高度便会随之改变。制作一条沿着弧拱正中央的折痕，即可形成尖弧拱。展开图上的字母代表黏合点，灰色字母则代表纸舌插入，贴于底纹的背面（见图 2-30）。

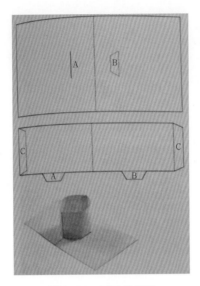
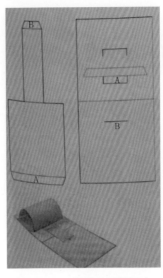

图 2-29　圆柱体折法　　　　图 2-30　半圆形桥拱折法

（9）转轮折法。将两片小纸舌穿过转轮正中央的小洞，再粘贴于底页背面，由那两片小纸舌把转轮扣在定位处。这样，轮、轴装置便可隐藏在立体书的折页内部。在折页书口上开一道小缝，露出转轮圆周，如果在转轮圆周上做出齿痕，转动起来就更容易了。在转轮上加装凸轮和轴心，就成了可操控页面的操纵杆。摇臂取决于凸轮到转轮的转动中心的距离，操纵杆端点和凸轮上的对应点相互扣榫（见图 2-31）。

（10）拉柄传动装置的折法。如图 2-32 所示，将纸片对折做成折页的页面，在页面粘一条长条状的纸作为拉柄；长条状的纸从沟缝 B 穿至纸页背面，再从沟缝 C 穿出页面；掀页上的纸舌 A 贴在底页上，如果抽拉长纸条的末端（C），就可以使掀页翻起 180°，而把长纸条推回去，掀页则会翻向另一边；掀页与长纸条的纸舌 D 相互黏合于掀页内部的黏合点（灰色 D）上。

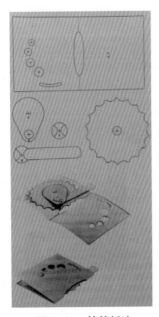
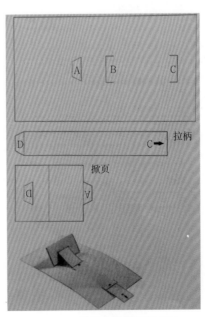

图 2-31　转轮折法　　　　图 2-32　拉柄传动装置的折法

2.4
出版物优秀作品赏析

2.4.1 吕敬人优秀作品赏析

下面介绍吕敬人老师设计的书籍《梅兰芳全传》。《梅兰芳全传》原本是一部 50 万字的纯文本书籍，书中无一张图片。这本书经提出编辑设计的策划思路后，得到作者、责任编辑的积极支持。设计时寻找了近百张图片编织在字里行间，使主题内容的表达更加丰满，并将设计构想在三维的书的切口，该设计可以在读者左右翻的阅读过程中向其呈现戏曲家的"戏曲"和"生活"两个生动形象，很好地演绎出戏曲家的两个精彩舞台。虽然编辑设计功夫花得多，出书时间也推迟了些，但结果是让戏曲家家人、著作者满意，读者受益，达到了社会效益和经济效益双丰收。此书获得了中国图书奖。

书籍设计师应该对一本书稿全方面地提出编辑设计的思路，并对全书的视觉化阅读架构进行全方位的设计，如设计师吕敬人设计了书籍《程砚秋全传》《梅兰芳全传》（见图 2-33）。当今中国需要这样的书籍设计师，这是出版人、销售者、读者等所有与书籍相关的人都应该具有的共识。时代的发展、社会的需求使设计师能普遍拥有这种主动的设计意识，针对不同的书籍体裁，在不违背主题内涵的前提下，从视觉信息传达的专业角度勇敢地提出看法，并承担起不同的角色。

图 2-33 《程砚秋全传》《梅兰芳全传》 设计者：吕敬人

中国的出版艺术要进步，不仅要继承优秀的传统的书卷文化，还要跟上时代步伐进行创造性的工作，去拓展中国的书籍艺术。21世纪是数码时代，它改变了人们接收信息的传统习惯，人们接收视频信息甚至成为一种生活状态，为了让书籍这一传统纸媒能一代一代传承下去，我们当然要改变一成不变的设计思路，不能停留在为书做装潢打扮的工作层面。设计师与著作者、出版人一样要做一个有思想、有创意、有追求的书籍艺术的寻梦者和实干者。"天时、地气、材美、工巧"（《考工记》）是形而上和形而下的完美融合与追求，相信当代中国的出版艺术一定会更加辉煌。

2.4.2　朱赢椿优秀作品赏析

设计的书频频荣获"世界最美的书""中国最美的书"的现任南京师范大学出版社艺术总监和南京书衣坊工作室设计总监朱赢椿，是一个敢于创新的设计师，从《不裁》（见图2-34）、《蚊呓》、《蜗牛慢吞吞》、《设计诗》到《空度》，再到《平如美棠》……他推出的每本书几乎都引发了争议。对于这些异样的声音，在接受《深圳商报》专访时，他说："表面上的这个东西是至简的，但是我不能说至简就是偷工减料，我的至简就是你看到了东西，但你感受不到它，至简不是简陋，不是将就，至简背后有大量的工作。看起来是至简的，但背后有非常复杂的呈现过程。简约的图形和文字都是经过很长时间的思考后提炼制作的。"

图2-34　《不裁》　设计者：朱赢椿

朱赢椿设计的书是真正融入了编辑设计理念的书，优秀的书籍设计师不仅会创作一帧优秀的封面，还会创造出出人意料、与众不同、耐人寻味并有独特内容结构和秩序节奏以及具有阅读价值的图书来。

课后练习，具体内容如表2-1至表2-3所示。

表2-1　实训二

实训名称	分析出版物设计与品牌设计的关系
实训目的	通过前面对出版物设计的理解，进一步理解出版物设计与品牌设计的关系，以达到掌握品牌设计的基础理论的目的，为今后的实训打下坚实的基础

续表

实训内容	选择一个优秀的企业品牌为蓝本，分析其相关的出版物设计。 找出品牌设计的核心理念并分析其设计理念是如何在相关的出版物设计中表现出来的。 体现品牌设计核心理念的相关出版物设计，独特之处表现在哪些方面
实训要求	以个人为单位独立思考分析。 对照本实训内容以文字的形式逐条叙述。 每人交一份 1000 字左右的分析报告
实训步骤	寻找一个企业品牌，先走进该企业亲自感受一下与其相关的出版物设计的优秀之处与不足之处，再找出企业品牌设计的核心理念并分析其设计理念是如何在相关的出版物设计中表现出来的，最后写出个人体会并在班上公开交流
实训资料	《书籍设计基础》《书籍设计与印刷工艺》《书艺问道》《什么是出版设计》《手工装帧基础技法 & 实作教学》《品牌设计》
实训向导	巩固前面所学知识，提高理论与实践相结合的能力，从不同侧面分析企业实态，敢于发表自己不成熟的见解，敢于提出自己的设想，张扬个性
实训体会	

表 2-2　实训三

实训名称	寻找与选择项目，撰写《出版物设计报告》
实训目的	寻找并选定出版物目标项目。 获取市场第一线的感受
实训内容	出版物理念的宣传及设计能力的推销。 出版物实态调查。 设计素材的积累与整理
实训要求	对市场调查的结果进行分析筛选、归纳，撰写调查报告，找出出版物在现代社会中的位置及公众心目中有哪些需要完善的问题。调查者要有敏锐的洞察力，要看到出版物形象上的"窟窿"，然后通过出版物设计进行修复，使出版物视觉形象趋于完美
实训步骤	整理调查资料→制定项目方案→草图预想→师生讨论定案
实训资料	《书籍设计基础》《书籍设计与印刷工艺》《书艺问道》《什么是出版设计》《手工装帧基础技法 & 实作教学》《品牌设计》
实训向导	从品牌商品的品质、价格、系列、造型、技术含量等进行分析，从品牌设计理念进行分析，从品牌具体的标志，商标的美誉度、知名度，消费者的印象、回忆值，产品的市场前景和发展空间等进行分析，寻找与选择适宜的出版物设计项目
实训体会	

表2-3　实训四

实训名称	出版物设计——立体卡片设计　（节日立体卡片、个人形象立体名片或特殊形式立体内页设计等）
实训目的	通过前面对出版物特殊结构设计的学习，采用立体纸张折法以立体卡片设计的方式进行表达，使出版物设计浓缩为一枚小小的立体卡片符号
实训内容	立体纸张折法方法训练，如四方平行折法、短面配长面折法、小角配大角折法、三角拱式折法、立方体折法、圆柱体折法等具体折法的挖掘训练
实训要求	在练习过程中以草图的方法记录创意设计思维过程，为后期的立体卡片设计制作做好准备。 实训具体结果如下：立体卡片设计的草图（每项2幅以上）。（色彩创意设计效果图更好）纸张：A4
实训步骤	在上次实训的基础上结合市场调查报告的结论，选择目的性较强的立体卡片设计→进行立体的思考（画立体效果图）→画平面结构展开图→尝试各种折法，将抽象的立体效果转换成具体的立体卡片作品
实训资料	《书籍设计基础》《书籍设计与印刷工艺》《书艺问道》《什么是出版设计》《手工装帧基础技法＆实作教学》《品牌设计》
实训向导	通过训练，使思维更深入、更宽广、更具体。与前面实训不同的是，本次训练侧重于纵向的思维开掘，因此，尽量摆脱表面事物的束缚，让思维具有观察事物的穿透性。在视觉符号中渗透抽象的出版物设计理念及精神概念，使其感到视觉表现的思维空间越来越大，同时表现形式应更简洁、更概括、更具符号性
实训体会	

学生习作——个人作品集策划书如图2-35所示。

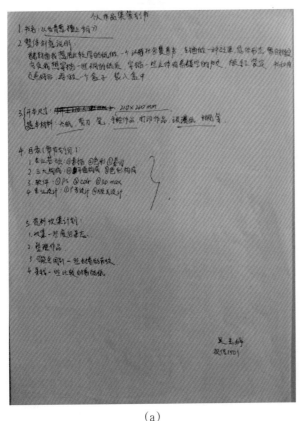

（a）

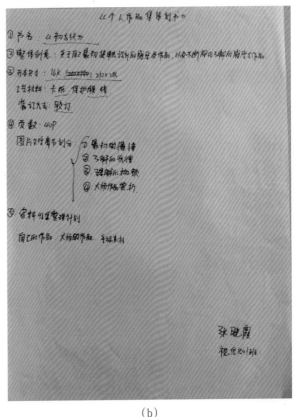

（b）

图2-35　学生习作——个人作品集策划书

学生习作——出版物设计报告如图 2-36 所示。

目 录
· 封面及书名
· 画册章节及释义
· 小结

封面及书名

《青丝散》

　　顾名思义,青丝即"头发",散即"散乱"。在设计之路上,一路走来,艰辛必不可少,鲜花与石子并存。深夜灯下的伏案,绞尽脑汁的创作,散乱的不只是头发,更是想法。剪不断,理还乱,丝丝发缕里凝结的是我们设计者的心血,飘散的则是我们创作者的思绪。

画册章节及释义

目录及文案释义

　　第一境　蝶恋花一

　　"昨夜西风凋碧树。独上高楼,望尽天涯路。"出自北宋晏殊《蝶恋花·槛菊愁烟兰泣露》。此乃人生第一境界,对人生的迷茫,孤独而不知前路几何。初学设计时又何尝不是如此。在设计这片广阔领域里,将来能否有自己的一席之地,自己又该怎样前进,都是我们所要经历的。

章节名称皆来源于"人生三境界",对此所感,又加一境界。

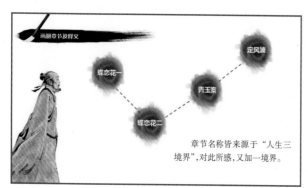

图 2-36　学生习作——出版物设计报告

第二境　蝶恋花二

"衣带渐宽终不悔，为伊消得人憔悴。"出自北宋柳永《蝶恋花·伫倚危楼风细细》。第二境界，人生有了目标，在追逐的道路上，求之不得之后形容消瘦却继续追逐，无怨无悔。设计至此，我们已有坚毅与执着，无论遇到什么困难，依旧坚持奋斗前进，纵使憔悴消瘦，也在所不惜。

第三境　青玉案

"众里寻他千百度。蓦然回首，那人却在灯火阑珊处。"出自南宋辛弃疾《青玉案·元夕》。这一境界表明立志追逐，在足够的积累后，量变成为质变，不经意间已追逐到了。设计路上，经历颇多坎坷的我们，最终抵达成功这一站，有了丰富的经验与阅历，功到事成，曾经的艰辛付出都是值得的。

第四境　定风波

"竹杖芒鞋轻胜马，谁怕？一蓑烟雨任平生。"出自北宋苏轼《定风波·莫听穿林打叶声》。回首过往，历经风雨，皆付笑谈中，不畏逆境，不惧阻碍，豁达洒脱。漫漫长路走来的我们，任凭风起云涌，雨吹浪打，披一蓑衣于湖海中度平生。

小结

总共四大章节，每一章节有 10 页，共 40 页。

全本 16 K，195 mm×271 mm，胶装。

预计使用艺术纸、玻璃纸和亚麻纸等材料。

相关资料有宋词、个人作品和书籍设计等。

封面封底

封面和封底结合水彩与墨，对比鲜明。

扉页与目录

扉页即封面的黑白稿，目录合理安排。

分隔页

分隔页风格一致，标志不变而内容变，保持整体统一性。

内页一

内页则风格不一，有浓墨重彩，有色彩斑斓，有疏有密，增加可阅读性。以下是内页欣赏。

内页二

内页三

续图 2-36

学生习作——立体卡片设计图如图 2-37 所示。

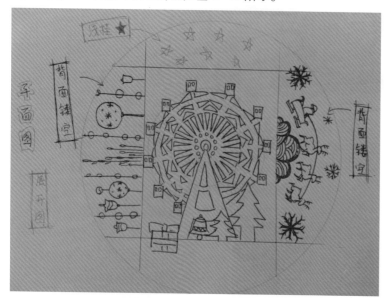

图 2-37　学生习作——立体卡片设计图

续图 2-37

第三章
出版物设计创意表现
CHUBANWU SHEJI CHUANGYI BIAOXIAN

24色相环

■ 任务概述 ■

学生初识出版物创意要素设计，通过对出版物创意要素设计的基本知识的学习，理解出版物创意要素设计的基本概念，并对出版物创意要素设计的种类有一定的了解。

■ 能力目标 ■

对出版物创意要素设计的种类有认知，并能够对现今的出版物创意要素设计进行分类。

■ 知识目标 ■

了解出版物创意要素设计的基本内涵和具体的分类。

■ 素质目标 ■

提高学生的自我学习能力、语言表达能力和设计制作能力。

3.1
出版物文字设计

文字是一种书写符号，是构成书籍的第一要素。它既是体现书籍内容的信息载体，又是具有视觉识别特征的符号系统；它不仅能够表意，还能通过视觉方式传达信息、表达情感。文字的设计是出版物设计过程的重要环节（见图3-1）。

3.1.1 文字类型及特点

书籍设计中文字的类型分为印刷字体、书法艺术字体和变体字体。

1）印刷字体

常用的中文印刷字体有黑体、宋体、楷体、仿宋体等。黑体结构紧密，朴素大方；其特点是单纯明快，强烈醒目，

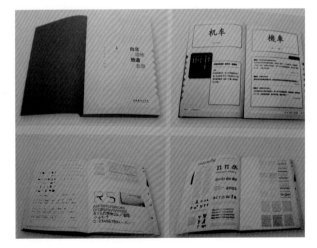

图3-1 《台北道地地道北京》 设计者：杨林青

具有现代感；多用于书名及内文标题、小标题或需强调的文字。宋体笔画刚柔并存，端庄大方，棱角分明，粗细对比鲜明，在阅读性、印刷效果、美学方面都表现出了优越性，常用于正文。楷体结构平直、规矩、严谨，其特点是字形高雅、清秀挺拔。中文印刷字体按易读性排序为：宋体、楷体、仿宋体、黑体。常见的西文印刷字体有罗马体、方饰线体和无饰线体等。罗马体字体秀丽、高雅，与汉字的宋体结构相似；其特点是线条粗细差别不大，字脚成圆弧状；多用于正文。方饰线体出现在19世纪，早期主要运用于街头的广告；其特点是线条粗重，字形方正，字脚饰线呈短棒状，字形沉实坚挺，视觉效果醒目而突出；常用于标题。无饰线体也叫现代自由体；其笔画粗细一致，字脚无任何装饰，结构简洁、庄重、大方，具有现代感；常用于标题（见图3-2）。

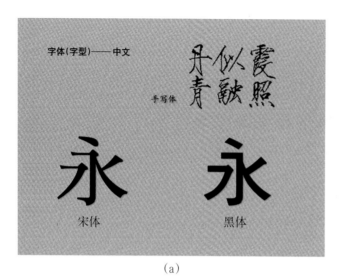
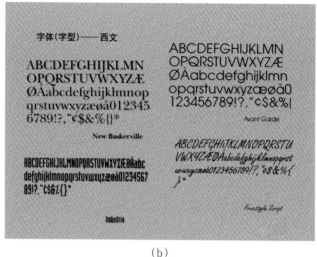

（a）　　　　　　　　　　　　　　　　　　　（b）

图 3-2　印刷字体图

2）书法艺术字体

书法艺术字体是把书法艺术和美术创作技巧糅合成一体的字体，属于手写体范畴。拉丁文手写体常见的有哥特体、花体等。这类字体的线条和字形结构充分体现了个性化气质，具有强烈的艺术感染力和鲜明的民族特色。书法艺术字体常用于标题或书名。

3）变形字体

变形字体是对正常文字的局部或整体进行加工（改变大小、外形等）所得到的字体（见图 3-3）。

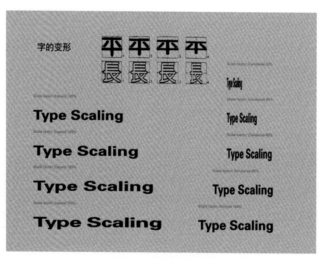

图 3-3　变形字体图

3.1.2　文字的运用原则

运用书籍文字时必须遵循"以变化求生动，以和谐出美感"的原则（见图 3-4）。

第一，一本书中，对正文、目录、引文、注文等要有区别地使用不同的字体与字号，这样才会使版面生动活泼。

第二，一本书中，对同一性质的文字不能选择两种以上的字号、字体；注释、图表用字不能超过正文用字的字号；各级标题用字的字号，必须符合大小有序的规则等。

第三，标题一般不宜采用过于潦草或过于怪异难认的字体，短小的文字内容不宜采用粗壮、浓黑的字体等。

第四，简单的直线和弧线组成的字体给人以柔和、平静之感，漂亮而优雅的花体字给人以高贵感觉，圆润、

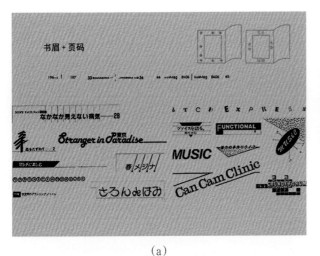

（a）

（b）

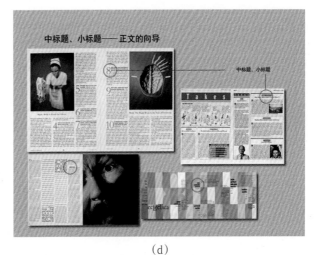

（c）

（d）

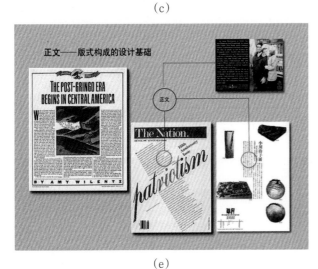

（e）

（f）

图 3-4　文字运用图例

较粗的字体则显得有些卡通感等。字体的选择在设计师眼里往往是理解与直觉的结合，其中的直觉取决于经验的积累。

　　选择不同字体、字号、粗细、行距、字距的中文字，在版式设计中形成的版面的明度便有所不同，这决定了版式构成中黑、白、灰的整体布局。文字之间的字形大小变化和字体种类的选择，使文字设计可以反映书籍的内容，从而让读者从中品味书籍的精神与内涵（见图 3-5）。

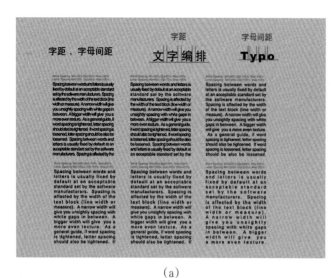

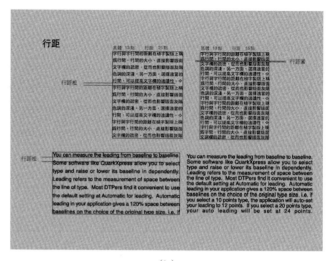

(a)

(b)

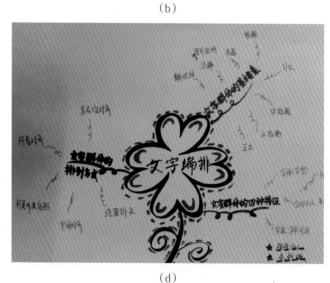

(c)

(d)

图 3-5　文字编排的思维导图

3.1.3　陈楠甲骨文——文字设计赏析

陈楠甲骨文的文字设计图如图 3-6 所示。

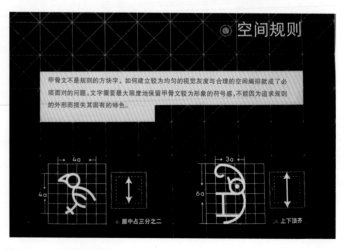

图 3-6　陈楠甲骨文——文字设计图

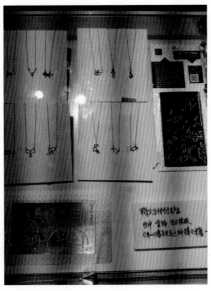
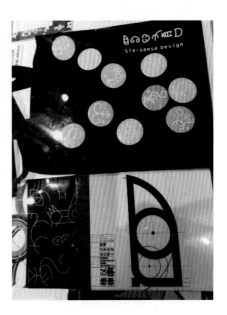

续图 3-6

3.2

出版物版式设计

　　书籍的版式设计既是书籍设计的重要内容，也是一种实用性很强的设计艺术。书籍的版式设计主要是以传达某种思想或认知为目的，因而和其他的报纸、海报、网页等设计种类相比，其内容上更具持久性。几种常见的版式设计如图3-7所示。

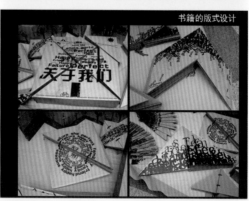

图3-7　几种常见的版式设计

书籍的版式设计是指在一种既定的开本上对书稿的结构层次、文字、图表等方面做艺术而又科学的处理，是书籍正文的全部格式设计，是书籍内部的各个组成部分的结构形式设计。版式设计既能与书籍的开本、装订、封面等外部形式相协调，又能给读者提供阅读上的方便和视觉上的享受，所以说版式设计是书籍设计的核心部分。

书籍的版式取决于页面高度与宽度的比例关系。不同开本的书籍可以采用相同的版式。按照惯例，书籍通常是根据以下三种版式设计的：页面高度大于宽度（直立型）、页面宽度大于高度（横展型），以及高度与宽度相等（正方型）。

出版物并非是瞬间静止的，所以在书籍内容传达的过程中要注意版式的视觉流程设计。视觉流程是一种视觉空间的运动，是视线随着各种视觉元素在一定空间沿着一定的轨迹运动的过程。视觉流程主要在于引导视线随着设计元素有序、清晰、流畅地完成设计本身信息传达的功能。

3.2.1　出版物版式设计的风格

1）中外古典版式设计

中国出版物古典风格的版式设计如图 3-8 所示。国外出版物古典风格的版式设计如图 3-9 所示。

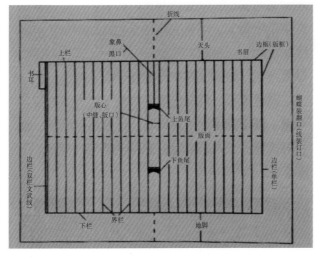

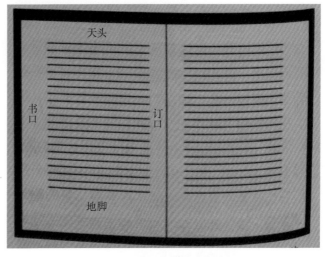

图 3-8　中国古代雕版书页的基本版式图　　　　　图 3-9　欧洲古典基本版式图

2）网格版式设计

网格设计产生于 20 世纪初。第二次世界大战爆发后，大量设计师逃亡至瑞士，并将最新的设计思想和技术带到了这个国家。网格设计理论在 20 世纪 50 年代得到了完善，其特点在于：运用数学的比例关系，经过严格的计算，把版心划分为无数统一尺寸的网格。网格设计将版心的高和宽分为一栏、两栏、三栏以及更多的栏，由此规定了一定的标准尺寸，运用这个标准尺寸来控制和安排文本和图片，使版面形成有节奏的组合效果。

版式决定了书页的外缘形状，编排决定了内容元素的位置，网格则是用来界定页面的内部区块。运用网格进行编排可让整本书的设计过程产生一致性，让整体样貌显得有条不紊。运用网格规划页面的设计者相信：视觉的连贯性可以让读者更加专注于内容而不是形式。页面上的任何一个内容元素，不论是文字还是图像，和其他所有元素都会产生视觉联系，网格则能提供一套整合这些视觉联系的机制。

目前，某些设计者仍持续沿用中世纪以来的传统技法，也有一些设计者偏好采用 20 世纪 20 年代由现代派设计师开发的其他技法。基本的网格体系可以规划页面留白的大小，印刷区域的形状，行文栏的数量、长度与高度以及栏间距离。而更精密的网格体系则能够制定行文所需的基线，甚至决定图片的形状以及标题、页码和注脚的位置。

　　20世纪，网格设计受现代派思维的影响，产生了现代派风格。许多艺术家、设计师认为传统的网格体系和编排手法已经不能满足现代信息传递的需要了。扬·奇科尔德、穆勒·布鲁克等人开始提出一些前卫、理性、新奇的现代派网格设计理念和技法。现代派网格设计的最大优点是：对页面的规划和分割更为细致，可以适应更多的内容和设计（见图3-10）。

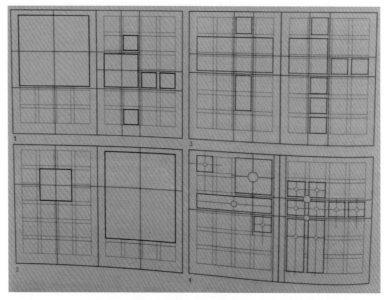

图3-10　现代派网格图

现代派网格版式设计图如图3-11所示，其设计步骤如下：

第一，选定版式（横式或竖式）、开本大小；

第二，确定行文区块，并大致划定留白宽度；

第三，根据内容确定栏位数，并依据栏位数初步确定版心位置和栏间距；

第四，大致划分出均等的网格区，注意留出间隔；

第五，确定字体、字号和行距大小，并据此修正之前大致设定的网格；

第六，将水平的基线网格与垂直的栏位叠加在一起；

第七，基本网格建好后，进一步考虑包括标题、图注、页码、脚注、标示、注解等的设置。

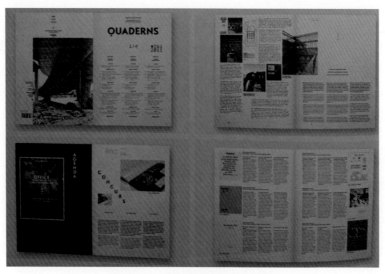

图3-11　现代派网格版式设计图

3）自由版式设计

自由版式设计就是不设置网格的版式设计。自由版式的雏形源于未来主义运动，大部分未来主义平面作品都是由未来主义的艺术家或者诗人创作的。他们主张作品的语言不受任何限制而随意组合，版面及版面的内容都应该无拘无束、自由编排。自由版式设计的特点是利用文学做基本材料来组成视觉结构，强调韵律和视觉效果。自由版式设计同样要按照不同的书籍内容赋予书籍合适的外观（见图3-12）。

图 3-12　自由版式设计图

3.2.2　出版物版式设计的分类

文字、图形、色彩在版式设计中是三个密切相联的表现要素。就视觉语言的表现风格而言，图文配合的版式排列方式各种各样，一般有以下几种类型。

1）以文字为主的版式

一本以大量文字为主、只包含极少量图像的图书（如人物传记或历史书），其设计的关键是让读者最快理解内容的阅读顺序。为了加强图文之间的关联，可以将图片直接放在其参照文字所在的文字栏之后；如果图片比参照文字内容更早出现，读者看到时可能会摸不着头绪。有三种简单的图文结合的办法：将图片置于该页的顶端或底端；利用参照文字左右余白空间，将图片与参照文字比肩放置；另以单页或跨页呈现图片。图3-13所示是以文字为主的版式图。图3-13中的版式设计是不对称网格设计，而对称网格设计可以比照该版式设计进行处理。

图 3-13　以文字为主的版式图

以文字为主要视觉要素的版式，在设计时要考虑版式的空间强化，可通过将文字分栏、群组、分离、色彩组合、重叠等变化来形成美感。这种版式适用于理论文集、工具书等书籍。

2）以图片为主的版式

在以图片为主要视觉要素的版式中，图片的形式有方形图、出血图、退底图、化网图等，所以在设计时要注意区分图片的代表性和主次性。方形图是图片的自然形式。出血图即是图片充满整个版面而不露出边框的形式。退底图是设计者根据版面内容的需要，将图片中精选的部分沿边缘裁切而成的形式。化网图是利用软件减少图片层次的一种形式。以图片为主的版式主要出现在儿童书籍、画册和摄影集等书籍中。这种版式在设计时应注意整个书籍在视觉上的节奏感，把握整体关系（见图 3-14）。

图 3-14　以图片为主的版式

以图片为主的书籍可能包含许多元素，这类书籍的跨页版面的复杂度与其中的阅读动线都受设计者编排的影响。设计者必须尽力在页面上营造视觉焦点，引导读者进入跨页版面，就像观赏一幅画一样，各次要的图片则是用来衬托主要的视觉焦点。

3）图文并重的版式

图文并重的书籍中，图片一般需要很强的视觉冲击力并且要占据绝对的视觉地位。有时图片的质量直接影响了版面的效果。图片可以根据构图需要而夸张地放大，甚至可以跨页排列和出血处理，这样使版面更加生动活泼，给人的观感带来舒展感。与图片的排列一样，版式中的文字排列也要符合人体工学，过长的字行会给人带来阅读疲惫感，从而降低阅读速度。图片和文字并重的版式可以根据要求采用图文分割、对比、混合的形式进行设计，设计时应注意版面空间的强化以及疏密节奏的分割（见图 3-15）。这类版式适用于文艺类、经济类、科普类、生活类等书籍。

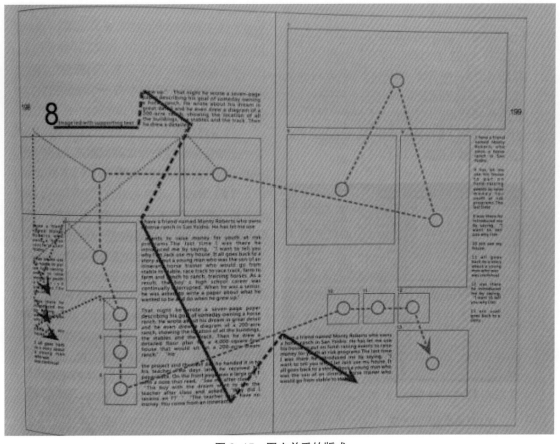

图 3-15　图文并重的版式

　　现代书籍的版式设计在图文处理和编排方面大量运用电脑软件来进行综合处理，这给版式设计带来了许多便利，同时出现了更多新的语言，也极大地促进了版式设计的发展。

3.2.3　出版物版式设计术语

　　（1）文字字号。文字字号是指印刷字体的大小级别。一般书籍排印所使用的字体的字号为 10.5 磅。字号为 9~11 磅的字体对成年人连续阅读最为适宜，字号为 8 磅的字体会使眼过早疲劳。儿童读物需要用字号为 36 磅的字体，小学课本字体以 12 磅、14 磅、16 磅等字号为宜。

　　（2）字间距。字间距是指行文中文字相互间隔的距离，字间距影响一行或一个段落的文字的密度。

　　（3）行间距。行间距是指行与行之间的距离，常规的行间距为 21~24 磅。

　　（4）版心。版心是页面的核心，是指图形、文字、表格等要素在页面上所占的面积。一般将书籍翻开后两张相对的版面看作是一个整体来考虑版面的构图和布局的调整。版心的设计主要包括版心在版面中的大小尺寸和在版面中的位置两个方面。图 3-16 所示为版心各部分术语图。

　　（5）天头、地脚、订口、书口。天头是指每页面上端空白区。地脚是指每页面下端空白区。订口是指靠近每页面内侧装订处两侧的空白区。书口（切口）是指靠近每页面外侧切口处的空白区。

　　（6）栏。栏是指由文字组成的一列、两列或多列的文字群，中间以一定的空白或直线断开。书籍一般有一栏、两栏和三栏等三种栏的编排形式，也有通栏跨越两个页面的编排形式。通栏多用于排重点文章；三栏则用于排短小的文章；排两栏的版面每行的字数恰到好处，最易阅读。

　　（7）页眉。页眉是指排在版心天头上的章节名或书名，有时也放在地脚上，用于检索篇章。

　　（8）页码。页码用于表示书籍的页数，通常页码排于书的外白边。

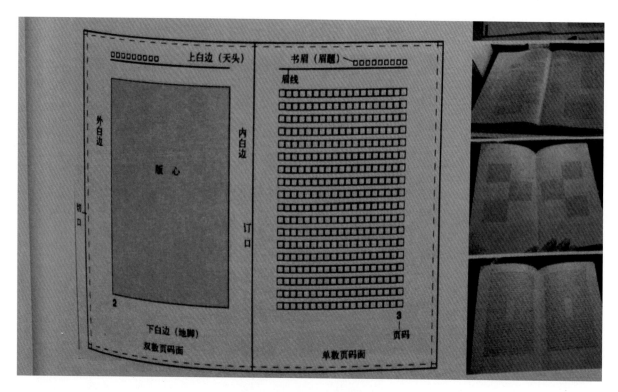

图 3-16　版心各部分术语

3.3
出版物图像设计

　　在出版物设计中，图像作为辅助传达文字内容的设计要素越来越受到重视。相比文字而言，图像更具可视、可读、可感的优越性，还具有易于识别、传递快捷、便于理解等优势。图像有广义和狭义之分，广义的图像是指所有产生视觉效果的画面，几乎包括了视觉表现形式中的所有种类，有纸媒介的、照片的、电视的、电影的或计算机屏幕的等；狭义的图像则单指通过绘画、摄影、印刷等手段形成的形象，它是二维的、平面的。

3.3.1　出版物插图的分类

　　对于不同性质的出版物，插图具有特定功能。在现代出版物中，按照插图的功能划分，出版物插图大致可以分为文学艺术性插图、科技性插图和情节性插图。

3.3.2　出版物插图的表现手法

　　插图的具体表现手法要依据出版物的总体设计要求来决定。从插图的创作手法来看，出版物插图的表现手法主要有手绘表现（见图 3-17）、摄影表现（见图 3-18）、数码技术表现、立体表现等类别。

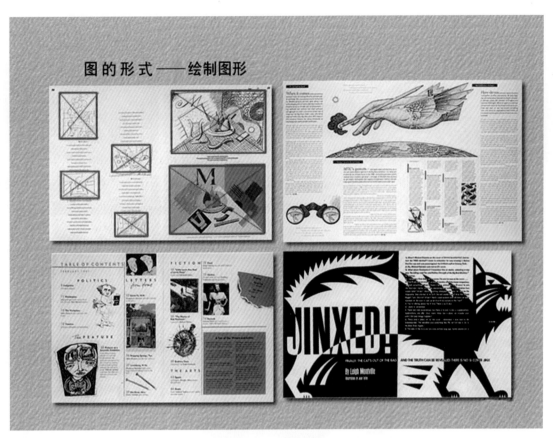

图 3-17　手绘表现插图

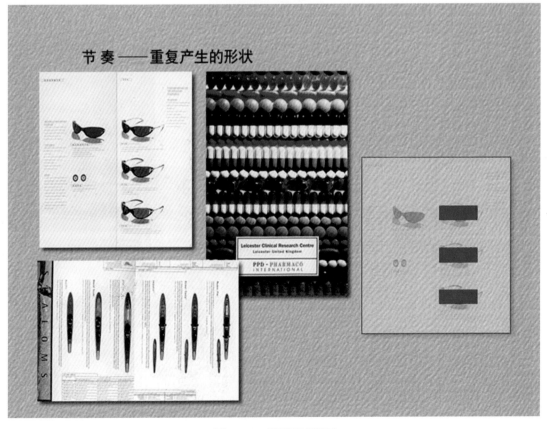

图 3-18　摄影表现插图

（1）手绘表现。手绘表现插图主要指那些以手工绘制方式完成的插图创作。手绘表现手法可以利用铅笔、钢笔、油画料、水彩、水粉颜料、蜡笔、丙烯颜料、水墨等工具和材料，采用水墨画、白描、油画、素描、版画、水粉、水彩、漫画等艺术创作形式进行创作表现。手绘表现插图在风格上无论是写实的、抽象的还是装饰的，力求与文字的风格、书籍的体裁相吻合，共同构建书籍的整体风格。

（2）摄影表现。摄影作为一种具有强大感染力的插图表现手法，通过光线影调、线条色调等因素构成造型语言，真实描绘对象的色彩、形态、质感肌理、体积空间等视觉信息，建立起视觉形象与书籍内容之间最直观、最准确的联系。摄影插图的选择应该能更好地表现对象主体的典型特征以及所处的环境和情感氛围。

（3）数码技术表现。随着科学技术的不断更新，数码绘图工具呈现出应用越来越丰富、价格越来越大众化的趋势。计算机绘图软件搭配手绘板创作插图成为插图创作的主流。设计软件强大的视觉处理能力使用户可以随心所欲地创作出极富表现力的插图作品。

（4）立体表现。现代书籍设计的创作思维已经由传统的二维平面表现转向三维乃至四维空间的表现，即使是书籍中典型平面形态的插图也出现了立体化的趋势。许多儿童书籍或科普书籍，为了增加阅读的趣味性和直观性，往往将插图印在利用模切技术形成的特定纸张结构的表面，随着阅读过程中书页的展开而呈现立体化的视觉效果，强化了插图的表现对象，增加了书籍的可读性（见图3-19）。

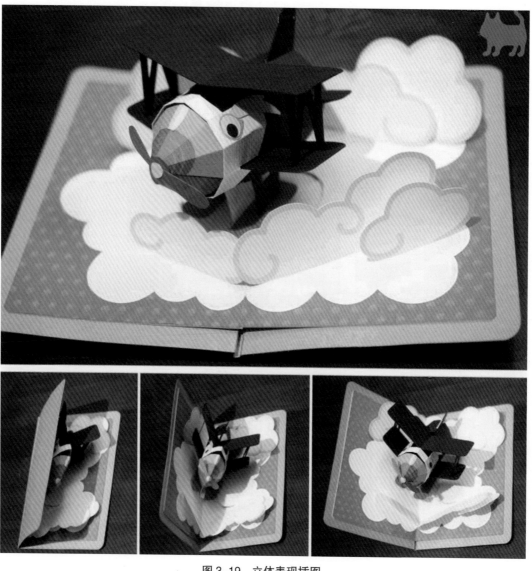

图 3-19 立体表现插图

3.4
出版物色彩设计

在出版物设计中，色彩是形成出版物强烈识别特征的视觉元素。出版物设计通常是通过不同的色彩明度、纯度及色相的有机组合来烘托气氛的，形成读者对书的第一印象，从而激发读者的购买欲望。

通常色彩是被赋予感情的，从某种意义上说，色彩是人性格的折射，因此，色彩有时可以直接展示一本书的精神情感。色彩本无特定的感情内容，但当色彩呈现在我们面前时，总是能引起我们的生理活动和心理活动，比如黑、白、黄等单调、朴素、庄重的色调可以给书籍带来肃穆之感。色彩的象征意义是通过长期认识、运用色彩的经验积累与习惯形成的（见图3-20）。

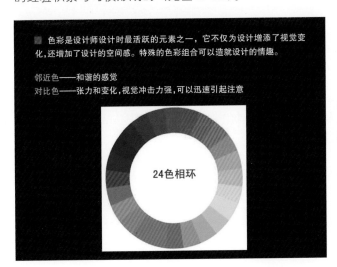

图 3-20　出版物色彩设计图

封面设计的色彩是由书的内容与阅读对象的年龄、文化层次等特征所决定的。鲜明的色彩多用于儿童读物，沉着、和谐的色彩适合于中老年人的读物或历史题材的读物，介于艳色和灰色之间的色彩宜用于青年人的读物。此外，书籍内容对色彩也有特定的要求，如描写革命斗争事迹的书籍宜用红色，表现青春活力的宜用鲜亮的色彩等。对读者来说，因文化素养、民族、职业的不同，对于书籍的色彩也有不同的偏好。

课后练习，具体内容如表3-1至表3-5所示。

表 3-1　实训五

实训名称	出版物设计——封面、书脊、封底设计
实训目的	通过前面对出版物设计报告的整理，归纳出问题，把问题概念化，使概念视觉化，将出版物品牌理念以封面、书脊、封底设计的方式进行表达
实训内容	封面、书脊、封底设计的创意思维训练

实训要求	在练习过程中以草图的方式记录创意设计思维,为后期的电脑设计制作做好准备。实训具体结果如下:封面、书脊、封底设计的草图每项 2 幅以上。(色彩创意设计效果图更好)纸张:A4
实训步骤	在上次实训的基础上结合出版物设计报告的结论,找寻与出版物品牌理念有关的概念,进行深层的挖掘,将抽象的概念转换成视觉符号
实训资料	《书籍设计基础》 《书籍设计与印刷工艺》 《书艺问道》 《什么是出版设计》 《手工装帧基础技法 & 实作教学》 《品牌设计》
实训向导	通过训练,使思维更深入、更宽广、更具体。本次训练侧重于纵向思维的开掘,因此,尽量摆脱表面事物的束缚,让思维具有穿透事物的穿透力。在视觉符号中渗透抽象的企业理念及精神概念,使其感到视觉表现的思维空间越来越大,同时表现形式应更简洁、更概括、更具符号性
实训体会	

表 3-2 实训六

实训名称	出版物设计——扉页设计
实训目的	通过前面对出版物设计报告的整理,归纳出问题,把问题概念化,使概念视觉化,将出版物品牌理念以扉页设计的方式进行表达
实训内容	扉页设计的创意思维训练
实训要求	在练习过程中以草图的方式记录创意设计思维,为后期的电脑设计制作做好准备。实训具体结果如下:扉页设计的草图 2 幅以上。(色彩创意设计效果图更好)纸张:A4
实训步骤	在上次实训的基础上结合出版物设计报告的结论,找寻与出版物品牌理念有关的概念,进行深层的挖掘,将抽象的概念转换成视觉符号
实训资料	《书籍设计基础》 《书籍设计与印刷工艺》 《书艺问道》 《什么是出版设计》 《手工装帧基础技法 & 实作教学》 《品牌设计》
实训向导	通过训练,使思维更深入、更宽广、更具体。本次训练侧重于纵向思维的开掘,因此,尽量摆脱表面事物的束缚,让思维具有穿透事物的穿透力。在视觉符号中渗透抽象的企业理念及精神概念,使其感到视觉表现的思维空间越来越大,同时表现形式应更简洁、更概括、更具符号性
实训体会	

表 3-3 实训七

实训名称	出版物设计——目录设计
实训目的	通过前面对出版物设计报告的整理,归纳出问题,把问题概念化,使概念视觉化,将出版物品牌理念以目录设计的方式进行表达
实训内容	目录设计的创意思维训练
实训要求	在练习过程中以草图的方式记录创意设计思维,为后期的电脑设计制作做好准备。实训具体结果如下:目录设计的草图 2 幅以上。(色彩创意设计效果图更好)纸张:A4

实训步骤	在上次实训的基础上结合出版物设计报告的结论，找寻与出版物品牌理念有关的概念，进行深层的挖掘，将抽象的概念转换成视觉符号
实训资料	《书籍设计基础》《书籍设计与印刷工艺》《书艺问道》《什么是出版设计》《手工装帧基础技法 & 实作教学》《品牌设计》
实训向导	通过训练，使思维更深入、更宽广、更具体。本次训练侧重于纵向思维的开掘，因此，尽量摆脱表面事物的束缚，让思维具有穿透事物的穿透力。在视觉符号中渗透抽象的企业理念及精神概念，使其感到视觉表现的思维空间越来越大，同时表现形式应更简洁、更概括、更具符号性
实训体会	

表 3-4　实训八

实训名称	出版物设计——内页设计
实训目的	通过前面对出版物设计报告的整理，归纳出问题，把问题概念化，使概念视觉化，将出版物品牌理念以内页设计的方式进行表达
实训内容	内页设计的创意思维训练
实训要求	在练习过程中以草图的方式记录创意设计思维过程，为后期的电脑设计制作做好准备。实训具体结果如下：内页设计的草图 2 幅以上。（色彩创意设计效果图更好）纸张：A4
实训步骤	在上次实训的基础上结合出版物设计报告的结论，找寻与出版物品牌理念有关的概念，进行深层的挖掘，将抽象的概念转换成视觉符号
实训资料	《书籍设计基础》《书籍设计与印刷工艺》《书艺问道》《什么是出版设计》《手工装帧基础技法 & 实作教学》《品牌设计》
实训向导	通过训练，使思维更深入、更宽广、更具体。本次训练侧重于纵向思维的开掘，因此，尽量摆脱表面事物的束缚，让思维具有穿透事物的穿透力。在视觉符号中渗透抽象的企业理念及精神概念，使其感到视觉表现的思维空间越来越大，同时表现形式应更简洁、更概括、更具符号性
实训体会	

表 3-5　实训九

实训名称	出版物设计——腰封、勒口设计
实训目的	通过前期出版物设计报告的整理，归纳出问题，把问题概念化，使概念视觉化，将出版物品牌理念以腰封、勒口设计的方式进行表达
实训内容	腰封、勒口设计的创意思维训练
实训要求	在练习过程中以草图的方式记录创意设计思维，为后期的电脑设计制作做好准备。实训具体结果如下：腰封、勒口设计的草图 2 幅以上。（色彩创意设计效果图更好）纸张：A4
实训步骤	在上次实训的基础上结合出版物设计报告的结论，找寻与出版物品牌理念有关的概念，进行深层的挖掘，将抽象的概念转换成视觉符号

续表

实训资料	《书籍设计基础》 《书籍设计与印刷工艺》 《书艺问道》 《什么是出版设计》 《手工装帧基础技法 & 实作教学》 《品牌设计》
实训向导	通过训练，使思维更深入、更宽广、更具体。本次训练侧重于纵向思维的开掘，因此，尽量摆脱表面事物的束缚，让思维具有穿透事物的穿透力。在视觉符号中渗透抽象的企业理念及精神概念，使其感到视觉表现的思维空间越来越大，同时表现形式应更简洁、更概括、更具符号性
实训体会	

学生习作——《初与终》出版物设计图如图 3-21 所示。

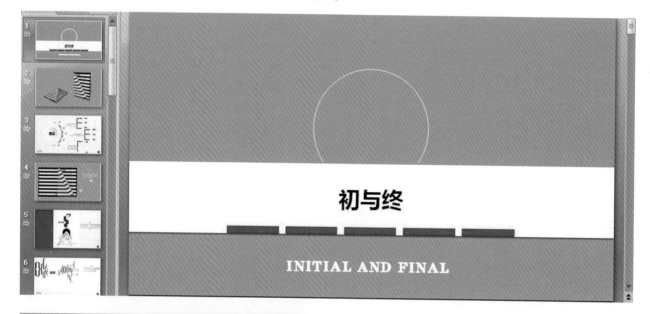

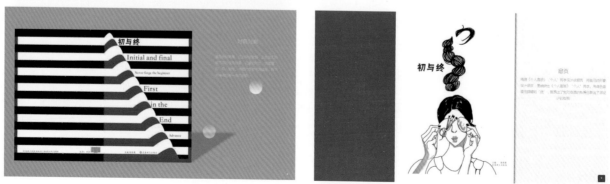

图 3-21 学生习作——《初与终》出版物设计图

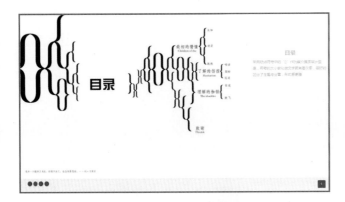

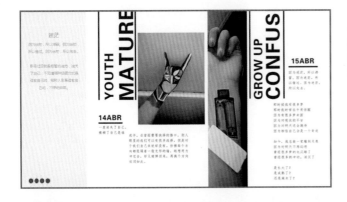

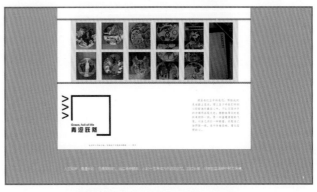

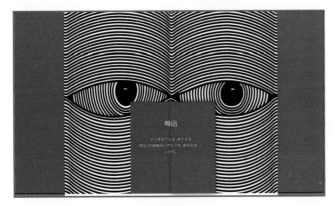

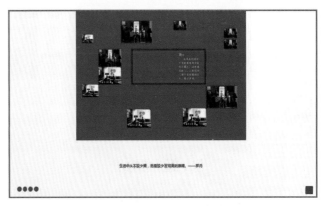

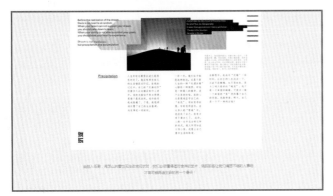

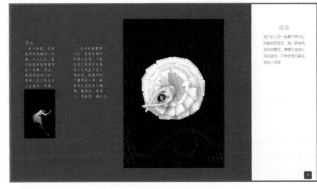

续图 3-21

第四章

出版物设计装订工艺

CHUBANWU SHEJI ZHUANGDING GONGYI

任务概述

学生初识出版物设计装订工艺，通过对出版物设计装订工艺的基本知识的学习，理解出版物设计装订工艺的基本概念，并对出版物设计装订工艺的发展及现状有一定的了解。

能力目标

对出版物设计装订工艺的发展有认知，并能够对现今的出版物设计装订工艺进行分类。

知识目标

了解出版物设计装订工艺的基本内涵和不同的分类。

素质目标

提高学生的自我学习能力、语言表达能力和设计制作能力。

出版物是一个相对静止的载体，但出版物又是一个动态的传媒。当读者把书籍拿在手上翻阅时，书直接与读者接触，书籍纸张散发的清香加之缀线穿插在书帖之间的流动之美，给读者带来了视觉上、触觉上、听觉上、嗅觉上的诗意感受。读者随着眼视、手触、心读，领受书籍信息内涵，品味个中意思。书可以成为打动心灵的生命体。进行手工装订实践之前，我们需要对出版物装帧的基本常识做必要的了解。

4.1
出版物装帧基础

4.1.1　出版物装帧基本常识

1. 开本的概念

"开本"一词源自欧洲羊皮纸的使用。开本是指版面的大小，也就是指书的成品尺寸。设计一本书，首先要确定开本。作为一个预设的尺寸，开本确定了书籍整体的比例大小及视觉的范围。开本和纸张联系密切。我们通常以一张全开纸为计算单位，每张全开纸剪切和折叠多少小张就称为多少开（见图 4-1）。目前，我国习惯上对开本的命名是按照几何级数来命名的，常用的开本分别为整开、对开、4 开、8 开、16 开、32 开、64 开等。

书籍使用的开本多种多样，设计实践中一般要根据书籍的性质而定，即根据书稿的字数与图量、阅读对象以及书籍的成本等来确定开本的尺寸。

2. 开本的类型

书籍的开本按开数可以分为不同类型，而同一开数的开本，幅面大小又有不同的规格，可分大型本（12 开及以上）、中型本（16~32 开）和小型本（32 开及以下）三类。因为用以开切的全张纸有大小不同的规格，所以按同一开数开出的开本也有不同的规格。全张纸规格的变动导致开本的尺寸随之变动。全张纸的不同规格丰富了书籍的开本形式，也适应了各种书籍的不同需求（见表 4-1 和表 4-2）。

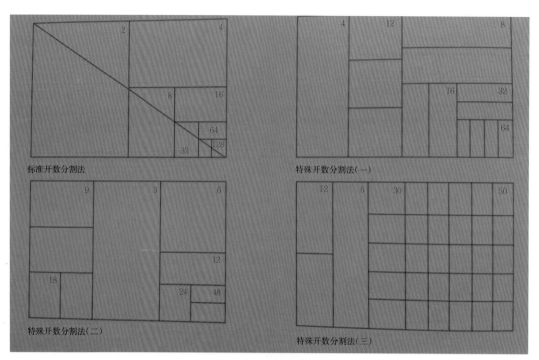

图 4-1　开数分割图

表 4-1　印刷纸张尺寸对比表

开　法	大　　度	正　　度
全开	1193 mm × 889 mm	1092 mm × 787 mm
对开	863 mm × 584 mm	760 mm × 520 mm
3 开	863 mm × 384 mm	760 mm × 358 mm
丁三开	443 mm × 745 mm	390 mm × 700 mm
4 开	584 mm × 430 mm	520 mm × 380 mm
6 开	430 mm × 380 mm	380 mm × 350 mm
8 开	430 mm × 285 mm	380 mm × 260 mm
12 开	290 mm × 275 mm	260 mm × 250 mm
16 开	285 mm × 210 mm	260 mm × 185 mm
24 开	180 mm × 205 mm	170 mm × 180 mm
32 开	210 mm × 136 mm	184 mm × 127 mm
36 开	130 mm × 180 mm	115 mm × 170 mm
48 开	95 mm × 180 mm	85 mm × 260 mm
64 开	136 mm × 98 mm	85 mm × 125 mm
名片	90 mm × 54 mm	—

成品尺寸＝纸张尺寸－修边尺寸

表 4-2　常用印刷纸张的开法和可印刷面积表

开　法	可印刷面积	实际纸张大小
全开	780 mm × 1080 mm	787 mm × 1092 mm
2 开	540 mm × 780 mm	546 mm × 787 mm
3 开	360 mm × 780 mm	364 mm × 787 mm
4 开	390 mm × 540 mm	393 mm × 546 mm
6 开	360 mm × 390 mm	364 mm × 393 mm
8 开	260 mm × 390 mm	273 mm × 393 mm
9 开	260 mm × 360 mm	262 mm × 364 mm
12 开	360 mm × 195 mm	364 mm × 196 mm
16 开	195 mm × 270 mm	196 mm × 273 mm

3. 开本选择的原则

只有在确定开本的大小之后，才能根据设计的意图确定版心和版面的设计、插图的安排和封面的构思。独特新颖的开本设计必然会给读者带来强烈的视觉冲击力。开本选择的原则为：①出版物的性质和用途，以及图表和公式的繁简等；②文字的结构和编排，以及篇幅的大小；③使用材料的合理程度；④整套丛书形式统一。

4. 开本选择的依据

出版物开本的选择要根据出版物的类型、内容、性质来确定。不同的开本会让人产生不同的审美情操。不少书籍因为开本选择得当，使其形态上的创新与书籍的内容相得益彰，从而受到读者的欢迎。

（1）出版物性质和内容。出版物的高与宽已经初步确定了书籍的性质。①诗集一般采用狭长的小开本，适合阅读、经济且秀美。诗的特点是行短而转行多，读者在横向上的阅读时间短，诗集采用窄开本是很适合的。②经典著作、理论书籍和高等学校的教材篇幅较大，一般采用大 32 开或面积近似的开本比较合适。③小说、传奇、剧本等文艺读物和一般参考书一般选用小 32 开的开本，方便阅读。为方便读者，书不宜太大，用单手便能轻松阅读为佳。④青少年读物一般是有插图的，可以选择偏大一点的开本。⑤儿童读物因为有图有文，图形大小不一，文字也不固定，因此可选用大一些，接近正方形或者扁方形的开本，适合儿童的阅读习惯。⑥字典、词典、辞海、百科全书等有大量篇幅，往往分成 2 栏或 3 栏，需要较大的开本；小字典、手册之类的工具书选择 42 开以下的开本。⑦图片和表格较多的科学技术书籍根据表的面积、公式的长度等方面的需要，选择开本时既要考虑纸张的节约，又要使图表安排合理，故一般采用较大和较宽的开本。⑧画册是以图片为主的书籍，先看画，后看字；由于画册中的图片有横有竖，常常互相交替，用近似正方形的开本比较合适且经济实用。画册中的大开本设计在视觉上丰满大气，适合作为典藏书籍，有收藏价值，但需考虑成本的节约。⑨乐谱一般是在练习或演出时使用，一般采用 16 开或大 16 开，最好采用国际开本。

（2）读者对象和书的价格。读者由于年龄、职业等差异而对书籍开本的要求不一样，如：老人、儿童的视力相对较弱，要求书中的字号大一些，同时开本也相应大一些（见图 4-2）；青少年读物一般都有插图，图在版面上交错穿插，所以开本也要大一些。此外，普通书籍和作为纪念品的书籍的开本也应有所区别。

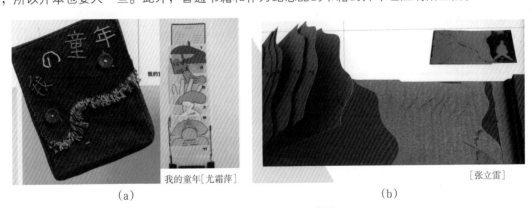

我的童年[尤霜萍]　　　　　　　　　　　　　　[张立雷]

（a）　　　　　　　　　　　　　　（b）

图 4-2　异形开本设计图

（3）现有开本的规格。开本的设计要符合书籍的内容和读者的需要，不能为设计而设计，为出新而出新。书籍设计要体现设计者和书籍本身的个性，只有贴近内容的设计才有表现力，脱离了书籍本身，设计也就失去了意义。设计开本要考虑成本、读者、市场等多方面因素，应该说，书籍也是一种商品，不能超越商品规律。书籍设计必须符合读者和市场的需要。

4.1.2　常见出版物装帧材料

书籍作为承载知识的物化形态，必须依靠一定的材料才能进行制作。

书籍装帧所使用的材料，除了有纸张，较为广泛采用的还有丝织品、布料、皮革、木料、化纤、塑料等。仅以纸张为例，其品种、克数、颜色、肌理均直接影响书籍的艺术质量，并给读者以不同的视觉感受。装帧材料的选择往往是设计者强有力的表现手段。

1. 纸类材料

纸是最具代表性的出版物材料。从某种意义上讲，如果没有纸张，就没有书籍的历史。尽管受到数字媒体的冲击，但纸张在当前时代的出版和传播中仍然起着十分重要的作用。现代印刷用纸材料有：①胶版纸；②轻型纸；③铜版纸；④粉纸，其正式名称为无光铜版纸；⑤蒙肯纸；⑥道林纸；⑦新闻纸；⑧硫酸纸。

特种纸也是纸张的一种。特种纸有特殊的纹理与表面处理，使之与普通的常用纸有很大的区别，也导致其价格高和尺寸特殊。很大一部分书籍的封面设计选择特种纸制作。特种纸带来的视觉效果是难以想象的，往往设计者的灵光一闪就可以被特种纸表现得淋漓尽致。在书籍的封面设计上运用特种纸有利也有弊，设计者要谨慎选择。由于大部分特种纸本身带有色彩，所以设计者在设计封面的时候要充分地考虑这些因素，只有对设计后期非常熟悉的人才会把特种纸的特性表现得完美无瑕。

2. 特殊材料

在现代书籍设计中，出于对求异、求新的审美追求，大量的纤维织物、复合材料、金属、木材、皮革等材料创造性地运用在书籍的装帧设计中（见图 4-3）。

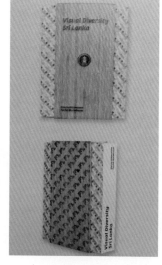

图 4-3 装帧材料图

4.2
出版物常用的装订工艺

装订工艺是书籍印刷后成型的最后一道工序，是书籍从配页到上封成型的整体作业过程，包括把印好的书页按先后顺序整理、连接、缝合、装背、上封面等加工程序。装订书本的形式可分为中式和西式两大类。

4.2.1　现代常用的平装书籍装订工艺

平装是我国书籍出版中最普遍采用的一种装订形式，它的装订方法比较简易，运用软卡纸印制封面，成本比较低廉，适用于篇幅少、印数较大的书籍。平装是书籍常用的一种装订形式，以纸质软封面为特征。平装装订的工艺流程为：撞页裁切→折页→配书贴→配书心→订书→包封面→切书。

平装书常见的订合形式有骑马订、平订、锁线订、无线胶订、活页订等。

1. 骑马订

骑马订又称骑暗铁丝订，是一种将配好的书页包括封面在内，整成一整帖后，用铁丝订书机将铁丝从书刊的书脊折缝处外面穿到里面，并使铁丝两端在书籍里面折回压平的订合形式（见图4-4）。它是书籍订合中最简单方便的一种形式。其优点是加工速度快，订合处不占有效版面空间且书页翻开时能摊平；其缺点是书籍牢固度较低且不能订合页数较多的书。骑马订一般适合订合宣传册、较薄的文学类杂志、样本等。

2. 锁线订

从书帖的背脊折缝处利用串线联结的原理，将各帖书页相互锁连成册，再经贴纱布、压平的订合形式就是锁线订（见图4-5）。锁线订比骑马订坚牢耐用，且适用于页数较多的书本。锁线订订合的书籍的外形无装订痕迹，且书页无论多少都能在翻开时摊平。不过锁线订的成本较高，且书页必须成双数才能对折订线。

图4-4　骑马订图

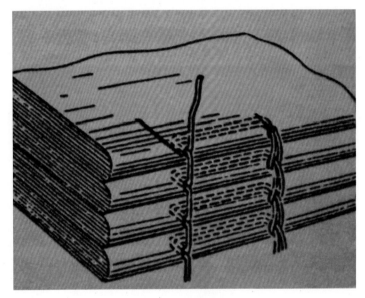

图4-5　锁线订图

3. 无线胶订

无线胶订又称"胶订""无线订"。无线胶订不是使用纤维线或铁丝订合书页，而是用胶水料黏合书页。它是平装书的重要订合形式，是最便宜、最快捷的装订方法（见图4-6）。常见的无线胶订的方法是，把书帖配合页码，再在书脊上锯成槽或铣毛打成单张，经撞齐后用胶水料将相邻的各帖书心粘连牢固，最后再包上封面。它的优点是订合后和锁线订一样不占书的有效版面空间，翻开时可摊平，成本较低，无论书籍厚薄、幅面大小都可订合；其缺点是书籍放置过久或受潮后易脱胶，致使书页脱落。无线胶订主要用于期刊杂志、样书等的订合。

4. 铁丝平订

铁丝平订是把有序堆叠的书帖用铁丝钉从面到底先订成书心，然后包上封面，最后裁切成书的一种订合形式（见图4-7）。其优点是比骑马订更经久耐用，其缺点是订合要占一定的有效版面空间，且书页在翻开时不能摊平。

5. 缝纫平订

缝纫平订是用工业缝纫机的一道缝纫线把书订起来的订合形式（见图 4-8），这种装订方法订合的书籍比较牢固。

图 4-6　无线胶订图　　　　图 4-7　铁丝平订图　　　　图 4-8　缝纫平订图

6. 活页装订

活页装订是一种在书的订口处打孔后用弹簧金属圈或螺纹圈等穿锁扣将书页穿起来的订合形式（见图 4-9）。这种订合形式的单页之间不粘连，适用于需要经常抽出来、补充进去或更换使用的出版物。其订合成品新颖美观。活页装订常用于产品样本、目录、相册等的订合。其优点是可随时打开书籍铁扣，调换书页，可随时变换阅读内容。

7. 金属环订

金属环订是一种利用金属环或金属钉进行书籍装订的订合形式（见图 4-10）。金属环订一方面增强了书的牢固性，另一方面通过不同材质的对比，为读者获得了丰富的感官体验。

现代装订技术呈多元化发展趋势，设计师通过不断探索更多特殊材料的使用以及形式和结构的创新，以及通过技术性环节，建立起书篇本体与书稿内容的深层次连接，使书籍的视觉内容和精神内涵更加丰富。

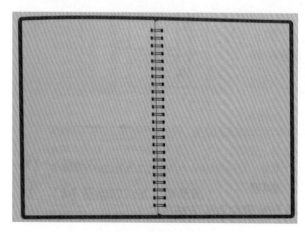

图 4-9　活页装订图　　　　　　图 4-10　金属环订图

4.2.2　中式平装书手工装订工艺

中国具有代表性的传统装订方法有很多，现代设计者常用中式装订方法来表现独特的书籍设计创意。

线装是书籍装订的一种技术，它是我国传统书籍艺术演进的最后形式，出现于明代中叶，线装的书籍通称为线装书。线装的基本做法是将书内页纸叠整齐后打眼。打眼可以打四眼、五眼、六眼、八眼等，用来保护书角。

线装是一种将均依中缝对折的若干书页和面封、底封叠合后，再在右侧适当宽度用线穿订的装订样式。线装主要用于我国古籍类图书，也为其他图书的装帧设计所借鉴。其成品不仅简洁优雅，而且相当牢固耐用。线装特别适合用来装订书籍。

现代线装缝缀材料除了利用天然织物制成的麻线和使用历史悠久的亚麻线之外，还可以用其他材料来缝装书册。线装书有简装（即平装）和精装两种形式。简装书采用纸封面，订法简单，不包角，不勒口，不裱面，不用函套或用简单的函套。精装书采用布面、绸等织物裱在纸上来作为封面，订法也较复杂，订口的上下切角用织物包上（称为包角），有勒口、复口等部件（封面的三个勒口边或前口边被衬页粘住），以增加封面的挺括和牢度，最后用函套或书夹把书册包扎或包装起来。线装书装订完成后，多在封面上另贴书笺，显得雅致不凡，格调高贵。

中式线装形式是经过长时间发展和改进后流行起来的，可以说是古本图书装订中最先进、实用及美观的形式。依其缀订方式，中式线装可分为以下几种样式。

（1）宋本式缀订法。宋本式装订法又称"四针眼法""四目缀订法"。其四针之确定是先以书本尺寸来考虑天地角的距离，天地两角针眼位置确定后，再将中段部分，以两针眼分三等份（见图4-11）。一般天地角之长宽比为2：1，有时也需要视书本幅面宽度稍加调整。

如图4-12所示，S为线头起始端，E为线末端，线由后向前穿，穿完后，S（线头）和E（线尾）相互打结，结头可放进孔内隐藏起来或者在外打成蝴蝶结式样。

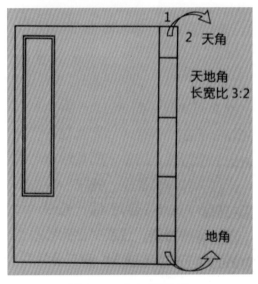

图4-11　宋本式缀订法

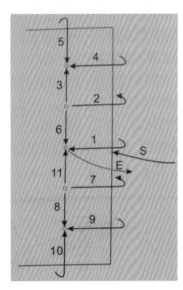

图4-12　宋本式缀订法走线方式

（2）唐本式缀订法。唐本式缀订方式大都是用在幅面长的图书。其装订方法基本上与宋本式缀订法的装订方法相同，差别只是，唐本式缀订法的第二、三眼的距离较为接近，其封面题签也因配合狭长形幅面而相应为细长形（见图4-13）。

（3）竖角四目式（康熙式）。这种装订方法因在天地角内，各多打一眼加强装订，故称竖角四目式；也可依照针眼数，称其为六针眼法或八针眼法（见图4-14）。清代康熙时期，对珍贵图书文献的装帧，均采用此种竖角四目式装订法，故也称之为康熙式。这种装订方式大都用于幅面宽广的书籍，不但可强化坚牢书角，而且还有美化装饰之用。对于幅面宽广的书籍，若使用宋本式缀订法装订，就会显得单薄。如图4-15所示，S为线头起始端，E为线末端，线由后向前穿，穿完后，S（线头）和E（线尾）相互打结，结头可放进孔内隐藏起来或者在外打成蝴蝶结式样。

（4）麻叶式。这种装订方法因缀线分布形状如叶脉状而得名，也称为九针眼法或十一针眼法（见图4-16）。

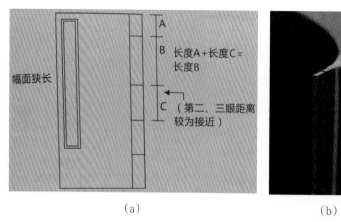

(a)

(b)

图 4-13   唐本式缀订法

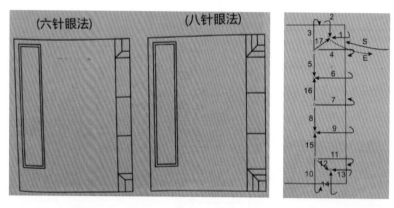

图 4-14   角四目式装订法

图 4-15   竖角四目式装
订法走线方式

每个"麻叶"由三个针眼组成，这是建立在康熙式装订基础上，对书籍进行的装帧美化；同时题签也可贴近封面中央位置，加强其装帧之美观。这种方法适用幅面较宽广的书籍。

如图 4-17 所示，S 为线头起始端，E 为线末端，线由后向前穿。穿完后，S（线头）和 E（线尾）相互打结，结头可放进孔内隐藏起来或者在外打成蝴蝶结式样。

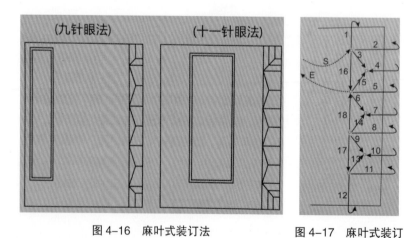

图 4-16   麻叶式装订法

图 4-17   麻叶式装订
走线方式

（5）龟甲式。这种装订方法是由宋本式缀订法演变而来的，因装订走线形式似龟甲纹样而得名；因有十二个针眼，故又称为十二针眼法（见图 4-18）。图 4-19 所示为龟甲式装订的走线方式。

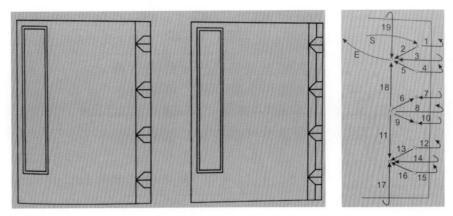

图 4-18　龟甲式装订法　　　　　　　图 4-19　龟甲式装订走线方式

4.2.3　西式平装书手工装订工艺

西方很早就有以线的方式来装订书，如古老的泥板以绳子穿洞，古埃及的科普特式等。其形式多样，流传至今。西式的基本线法有很多种，大多将第一帖全部缝完，再缝第二帖，以此类推。

1. 辫子结法

辫子结法是将第一帖缝完后，再缝第二帖；在缝之前，先在每一帖内页书脊钻出等距的孔，从书内起针，第 1 至第 16 针，将封面和第一帖来回缝完；到第二帖的第 19 与 20 针、第 22 与 23 针和第 25 与 26 针时，需要在封面与第一帖的连接线绕圈打结，之后以此类推；最后收尾时，缝到封底内打死结即可（见图 4-20）。这种方法装订的书脊的缝线呈麻花辫造型（见图 4-21）。

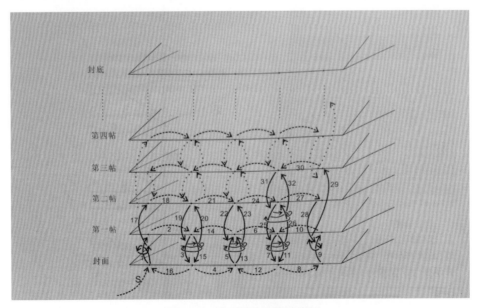

图 4-20　辫子结法缝线示意图

图 4-21　辫子结法线装书

在图 4-20 中，S 为起始端，线由内向外穿，按数字顺序缝缀；因中间过程缝线方式相同，第三帖、第四帖直至封底的缝线步骤图省略；封面、封底和书帖均为对折形式，在书帖对折的中缝打孔，线末端在封底内打死结；此穿线法中，书帖中缝的空距和孔的数量没有严格限制，书帖的数量不限。

2. 科普特装订式

科普特装订式简称科普特式。据说，科普特式的缝法来源于古埃及的科普特基督徒在二三世纪开始使用的缝书技术。因为"三位一体"观念，所以古代缝书时用的线多为三条线一股。这样缝的书的特点是可以 360° 展开，方便翻阅（见图 4-22）。

科普特式属于手工的无缀绳装订。手工装订书身时，必须先按图书尺定出每帖（多页组成）位置与订眼数量，可以用铅笔定出。普通书籍是以五条缀绳为宜，故铅笔定出位置亦有五点作为缀线装订之处。缀线的粗细应依图书需求选用。装订时须注意：如果缀线缀订过松，书身装订则无法坚固；如果装订太紧，则影响书页展开，且展开书页时缀线也易断线。

在图 4-23 中，S 为线头起始端，线由内向外穿，E 为线末端，在书帖内打结；书页帖数可为无限多，书页帖数以"n""n-1"代替；接近封底的穿法跟前面的步骤略不一样，用（1）、（2）……计数；孔的数量可以无限增加，穿线的方法以此类推。

图 4-22　科普特式图书

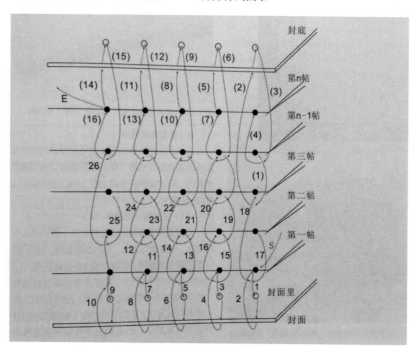

图 4-23　科普特式缝线示意图

3. 书脊线装缝法

从 18 世纪开始就有人使用书脊装帧或类似的装帧法来装订书籍。用这种方法装订的书册易于翻阅，而且不需要在书脊上胶，可以使用彩色线绳做一些变化。

（1）交叉缝。交叉缝是书脊线装缝法的变形。其原则是从书内起针，书脊缝交叉线，书内都是直线。图 4-24 所示为三种交叉缝的三种缝法，实际中可自行变换花样。

（2）天地缝。这种缝法需要钻出四个间距相等的孔，并挑选较硬纸板来制作封面，用锥子在纸板上标出装订用的孔位；将针穿过第一帖的两个孔，让线形成线圈，穿好后在线圈上打结加以固定；然后将针穿进书帖再穿出，不过这次要将针从之前在封面纸板上钻的装订孔穿出；从第一帖外侧将针穿进第二帖和封面纸板的装订孔，重复穿针缝装步骤；在封面纸板的外侧可以看到缝的线迹；由于线会绕过书脊外侧，缠绕的缝线会形成连续的装饰线，让线装书看起来别具一格（见图 4-25）。

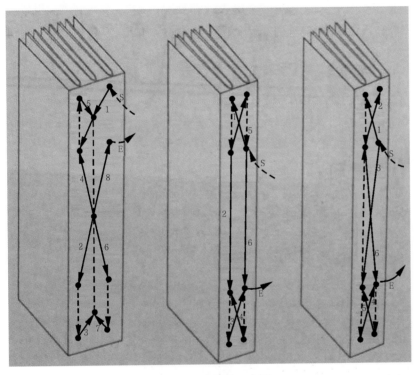

图 4-24　交叉缝示意图

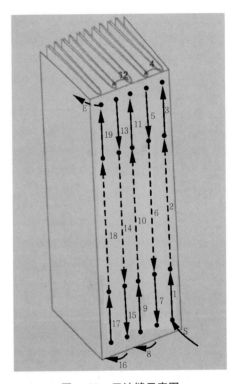

图 4-25　天地缝示意图

上述装订方法与缝线方式是我们较为常见的，但它们绝不是装订方法与缝线方式的全部。设计师运用上述装订方法与缝线方式的原理，在某些形式上做了有益的改变，创作出一些新颖的装订样式。

4.2.4　精装书手工装订工艺

精装是书籍出版中比较讲究的一种装订形式。精装书与平装书相比，精装书用料更讲究，装订更结实。精装特别适合装订质量要求较高、页数较多、需要反复阅读且具有长时间保存价值的书籍。精装书分硬精装和软精装两种。精装主要应用于经典、专著、工具书、画册等书籍的装订。精装书与平装书的主要区别是，精装书具有硬质的封面或外层加有护封，有的甚至还要加函套。

精装书的装订工艺流程包括订本、书心加工、书壳的制作、上书壳等工序。精装书的书心制作与线装书的方法基本相同，不同的是精装书的书心制作还有压平、扒圆、起脊、贴布、粘脊头等特殊的加工过程。上书壳是通过涂胶、烫背、压脊线等工序将书心和书壳固定在一起。

1. 精装书结构

1）精装书的封面

精装书的封面可运用各种材料和印刷制作方法，从而达到不同的格调和效果。精装书的封面可使用的面料很多，除纸张外，还有各种纺织物、丝织品、人造革、皮革和木质等。精装书的封面包括硬封面和软封面两种。

① 硬封面是把纸张、织物等材料裱糊在硬纸板上制成的，适宜放在桌上阅读的大型和中型开本的书籍。

② 软封面是用有韧性的牛皮纸、白板纸或薄纸板代替硬纸板做成的封面。这种轻柔的封面使人有舒适感，适宜便于携带的中型本和袖珍本的书籍，如字典、工具书和文艺书等书籍。

2）精装书的书脊

① 圆脊是精装书常见的书脊形式，其脊面呈月牙状，以略带一点垂直的弧线为好，一般用牛皮纸或白板纸做书籍的里衬，有柔软、饱满和典雅的感觉。薄本书采用圆脊能增加书的厚度感。

② 平脊是用硬纸板做书脊的里衬，封面也大多为硬面。整个书籍的形状平整朴实、挺拔、有现代感。但采用平脊的厚本书（约超过 25 毫米）在使用一段时间后书口部位有隆起的危险，从而有损美观。

3）精装书的装订形式

精装书的装订形式包括活页订、铆钉订合、绳结订合、风琴折式等。

2. 硬面平脊精装书装订工艺实践

硬面平脊精装书的装订步骤如下。

步骤一：选取品质良好的纸张，裁出 70 cm×100 cm 大小的纸张，对折数次并裁切之后得到大小为 12.5 cm×17.5 cm 的纸张；裁切时使用不太锋利的刀子，因为这样可以使纸页的边缘呈现稍微有点粗糙不齐的装饰效果；裁好纸张之后，以 4 张为一组折成一帖，折叠时可用刮刀辅助，折成一帖时应尽量对齐（见图 4-26）。

步骤二：将折好的数帖夹在两块板子之间，移到桌面边缘用锯子锯出四个孔口（见图 4-27）。

步骤三：将四帖缝装成册，最好使用天然纤维制成的绳线；将穿了线的针从钻出的孔口穿入之后再由下一个孔穿出，以此类推，将其他书帖依序叠加并缝装在一起（见图 4-28）。

步骤四：缝装完成后，将本子夹在两块完全对齐的板子之间，在脊部薄涂一层浓稠的胶（见图 4-29）。

图 4-26　步骤一　　　　　图 4-27　步骤二

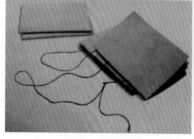

图 4-28　步骤三　　　　　图 4-29　步骤四

步骤五：用刮刀辅助，将色纸结合绳线来制作纸质书头布（见图4-30）。

步骤六：将两块书头布分别粘在脊部上、下端的地方，固定之后用剪刀修整形状（见图4-31）。

步骤七：在脊部加贴一张纸以加固脊部和最前、最后的纸页，这张纸也具备衬页的功能；首先将上了胶的纸粘于脊部，然后小心地将纸折起粘在最前和最后的纸页上（见图4-32）。

步骤八：待胶干之后即可裁出制作封面和脊部的纸板，封面的长度应比本子的多出6 mm，宽度应比本子的少2 mm；脊部的长度和封面相同，宽度则应等于本子的厚度加上两片纸板的厚度（本子的厚度要从侧边而非脊部测量，因为本子的脊部经过缝装之后会变得稍厚）（见图4-33）。

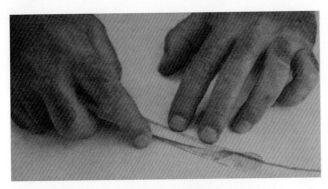

图4-30　步骤五

图4-31　步骤六

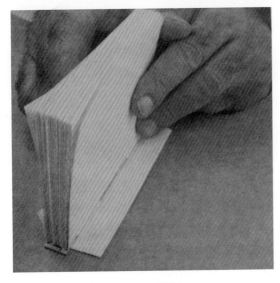

图4-32　步骤七

图4-33　步骤八

步骤九：裁出包覆用的布，其四边应该比制作封面用的纸板各多出1.5 cm；在布面上胶，将三块纸板置于布上，两块封面与脊部纸板之间应空出至少9 mm的距离；可以找一张尺寸相当的美术纸当作对照，会比较容易定位；粘好纸板之后，裁出布的四角，将四边向内折包住纸板（见图4-34）。

步骤十：将本子对准封面中央放上去，注意封面的上下端和前侧都要多出一点；用液态胶剂将衬页与封面黏合，调整封面和封底并确认两者相互对齐，接着用同样的方法将另一侧的衬页与封底黏合；对脊部则不上胶，这样就比较容易翻开（见图4-35）。

步骤十一：粘好之后马上将本子夹在两块木板之间并放入压书机，注意脊部要露出来；对准本子的中央，利用压书机加压数秒钟；然后拿起本子确认是否完全黏合，最后将本子用书压数小时（见图4-36）。

装订好的硬面平脊精装书成品如图4-37所示。

图 4-34　步骤九

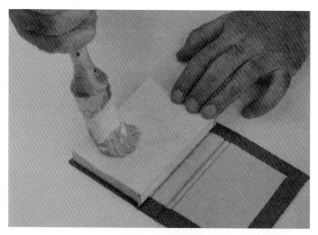

图 4-35　步骤十

图 4-36　步骤十一

图 4-37　硬面平脊精装书

课后练习，具体内容如表 4-3 至表 4-5 所示。

表 4-3　实训十

实训名称	出版物装订——出版物缝线装订
实训目的	掌握出版物缝线装订
实训内容	能够看懂各种不同的缝线装订走线图，能够实际操作出版物缝线装订
实训要求	可根据实际情况对出版物进行合适的缝线装订
实训步骤	内页叠齐→打眼→穿线、走线→打结→封面、封底整理
实训资料	《书籍设计基础》《书籍设计与印刷工艺》《书艺问道》《什么是出版设计》《手工装帧基础技法 & 实作教学》《品牌设计》
实训向导	通过训练，掌握不同的缝线装订方式
实训体会	

表4-4　实训十一

实训名称	出版物装订——出版物金属环订
实训目的	掌握出版物金属环订
实训内容	能够看懂各种金属环订图，能够实际操作出版物金属环订
实训要求	可根据实际情况对出版物进行合适的金属环订
实训步骤	内页叠齐→打眼→金属、环订→封面、封底整理
实训资料	《书籍设计基础》《书籍设计与印刷工艺》《书艺问道》《什么是出版设计》《手工装帧基础技法＆实作教学》《品牌设计》
实训向导	通过训练，掌握不同的金属环订装订方式
实训体会	

表4-5　实训十二

实训名称	出版物装订——出版物无线胶订
实训目的	掌握出版物无线胶订能力
实训内容	能够看懂无线胶订图，能够实际操作出版物无线胶订
实训要求	可根据实际情况对出版物进行合适的无线胶订
实训步骤	内页叠齐→内页上胶→封面、封底粘贴→切齐整理
实训资料	《书籍设计基础》《书籍设计与印刷工艺》《书艺问道》《什么是出版设计》《手工装帧基础技法＆实作教学》《品牌设计》
实训向导	通过训练，掌握不同的无线胶订装订方式
实训体会	

学生习作——《慢慢》出版物手工金属环装订设计图如图4-38所示。

图4-38　学生习作——《慢慢》出版物手工金属环装订设计图

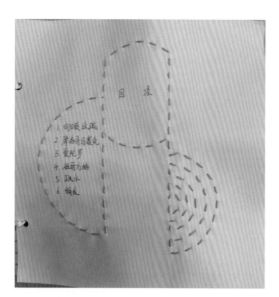
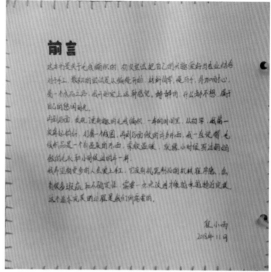

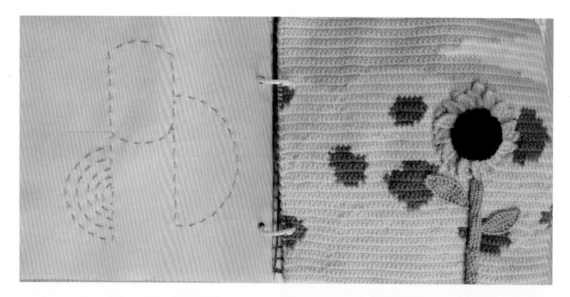

续图 4-38

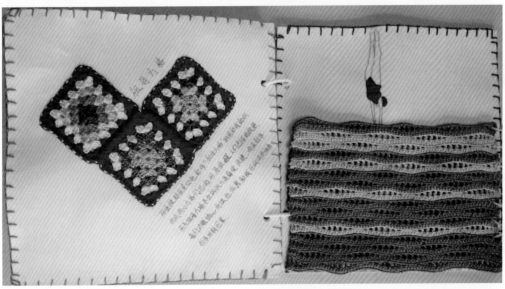

续图 4-38

续图 4-38

学生习作——《吻》出版物手工经折装订设计草图如图 4-39 所示。

图 4-39 学生习作——《吻》出版物手工经折装订设计草图

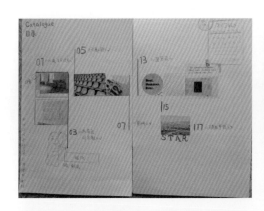
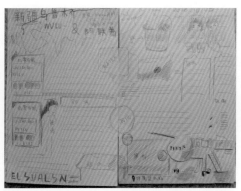

续图 4-39

学生习作——《吻》出版物手工经折装订设计图如图 4-40 所示。

图 4-40 学生习作——《吻》出版物手工经折装订设计图

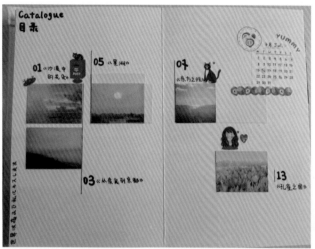

续图 4-40

续图 4-40

学生习作——《春夏秋冬》出版物硬面精装装订设计图如图 4-41 所示。

图 4-41 学生习作——《春夏秋冬》出版物硬面精装装订设计图

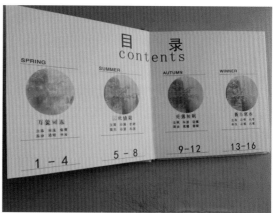

续图 4-41

第五章

出版物设计实施流程

CHUBANWU SHEJI SHISHI LIUCHENG

■ 任务概述

　　学生初识出版物设计实施流程，通过对出版物设计实施流程的基本知识的学习，理解出版物设计实施的要点，并对出版物设计实施流程的要求有一定的了解。

■ 能力目标

　　对出版物设计实施制作要求有认知，并能够掌握出版物设计实施流程。

■ 知识目标

　　了解出版物设计实施流程的基本要点和不同的要求。

■ 素质目标

　　提高学生的自我学习能力、语言表达能力和设计制作能力。

　　一本完整意义上的书籍，从书稿到成书，要经历策划、设计、印刷、装订等一个完整的设计过程。对于书籍设计的一般流程，下面从学习设计实践和商业项目实践两个方面分别说明。

　　1. 学习出版物设计的一般流程

　　（1）拟订设计方案：

　　① 分析报告阶段。从书名的缘起了解，熟悉文稿内容，找出文稿的独特性。

　　② 确定重要元素。考虑开本、封面、封底、书脊、环衬、扉页和页面版式具体如何设计。

　　③ 开始绘制草图。简单勾勒草图，考虑书籍主题形象、书的整体色调等视觉要素。

　　（2）素材准备阶段：收集相关图片和文字素材，理性化地梳理信息。

　　（3）电脑制作阶段：

　　① Photoshop 可进行图像编辑、图像合成、校色调色、特效制作等。

　　② CorelDRAWN/illustrator 是矢量设计软件，可以和 Photoshop 等软件优势互补。

　　（4）修改打印阶段：修改电子文件，根据印前的要求，调整文件，以保证能最好地还原效果。

　　（5）手工制作阶段：

　　① 将电子文件输出为成品。

　　② 封面压膜，并裁剪掉输出稿多余的部分。

　　③ 折叠好封面样稿，确定内页面页码和前后顺序，整理上胶，装订成书。

　　④ 为整套书籍的展示制作辅助卡片。

　　⑤ 布置书籍展示效果。

　　至此，一套完整的书籍设计作业就完成了。当然对于一本好的书籍除了设计之外，制作成本、印刷技巧以及销售方式都是相当重要的，作为商业产物的书籍最终是需要市场考验的。这就要求学习书籍设计的同学除了在课堂上学好设计课程外，还需要在将来的工作中积极地了解新知识，不停地充实自己。

　　2. 商业出版物设计的一般流程

　　（1）文本梳理与定位：通过出版社、作者、设计师三方面的沟通，确立设计理念。

　　（2）内容构架：

　　① 围绕与书籍主题相关的信息资料，根据书籍不同的命题以及类型来进行立意构思。

　　② 初步确定书籍的内外结构、设计风格与版面、开本、文字、图形、图像和色彩等元素。

　　（3）市场调研：在充分了解书籍内容并有初步的设计定位之后，应着手同类书籍的市场调研。

　　（4）出版物整体设计流程：

　　① 审查、选定方案。一般由客户、责任编辑和出版社共同审查、选定方案。

② 审查终稿方案。核查部分如下：核查书名、作者名、出版社名称等；核查正式出版的时间；核查开本数值；核查内文页码，确定内文纸的类型数，以便计算书籍的厚度；核查将要采用的印刷工艺与装订方式。

③ 书籍信息视觉化的设计阶段。设计师根据设计思路，完成相应的内文编排设计和整体的设计运作；再着手对封面、书脊、封底、环衬、扉页、目录等进行全方位的视觉设计。

④ 印刷制作完成阶段。审核书籍最终设计表现、印制质量和成本定价，对可读性、可视性、愉悦性功能进行整体检验；再出片打样，即检查出样效果与实际印刷效果存在的差异。印刷前有三种查看实际印刷效果的办法：出菲林前先出质量较好的彩喷稿（便宜，但不太容易看准）；印数比较多时可用数码印刷先试印几张，确认后再出菲林，再上机印刷；数量少时，直接用数码印刷，又快又便宜，在保证文字、线框、图形、色彩准确无误的情况下，交给制版公司制作菲林，进行彩色打样。

校稿后上机印刷便制作完成：对打样品进行校对，更改误差，以保证书籍品质，最后交付印刷厂正式开机付印。

出版物设计的实施流程可大致分为研究和分析、初步设计草图、电脑设计发展和定稿和印刷四个阶段。下面对这四个阶段进行介绍。

5.1
第一阶段：研究和分析

研究和分析阶段：成立出版物设计小组→理解并消化品牌（经营理念）→搜集相关资讯（以利比较）→做出设计定位。出版物设计小组成立后，首先要充分地理解、消化品牌的经营理念，把品牌理念的精神吃透，并寻找与出版物设计理念的结合点，这个过程有赖于出版物设计人员与企业高管间的充分沟通。研究、分析后，制作出版物设计分析报告，图5-1所示图例为"观音文化节佛卡折"出版物设计报告。

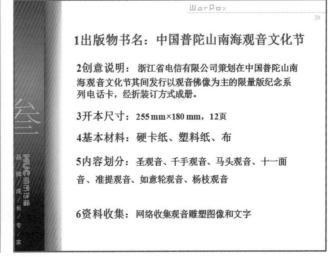

图5-1　"观音文化节佛卡折"出版物设计报告

5.2
第二阶段：初步设计草图

初步设计草图阶段：出版物书名设计→出版物封面、封底整体设计→出版物内页整体设计。在各项准备工作就绪之后，出版物设计小组即可依据定位结论进入具体的设计阶段。首先是书名设计提案（见图5-2），在书名设计经修改定案后，进行出版物封面、封底整体设计，确认通过后，再展开出版物内页整体设计。图5-3所示图例为"观音文化节佛卡折"出版物设计草图。

图5-2 "观音文化节佛卡折"书名定稿方案

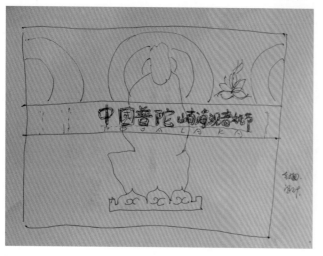
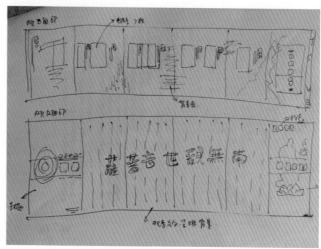

图5-3 "观音文化节佛卡折"出版物设计草图

5.3
第三阶段：电脑设计发展

电脑设计发展阶段：调研反馈→修正→定型。在出版物设计初步成型后（见图 5-4~ 图 5-7），还要进行较大范围的调研，通过一定数量、不同层次的调研对象的信息反馈来检验出版物设计的各部分细节（见图 5-8~图 5-15）。检验通过后便可制作出版物成品（见图 5-16 和图 5-17）。

图 5-4 "观音佛卡"设计 1

图 5-5 "观音佛卡"设计 2

图 5-6 "观音文化节佛卡折"内页正面设计

图 5-7 "观音文化节佛卡折"内页反面设计

图 5-8 "观音文化节佛卡折"内页正面设计细节图 1

图 5-9 "观音文化节佛卡折"内页正面设计细节图 2

图 5-10　"观音文化节佛卡折"内页正面设计细节图 3

图 5-11　"观音文化节佛卡折"内页正面设计细节图 4

图 5-12　"观音文化节佛卡折"内页正面设计细节图 5

图 5-13　"观音文化节佛卡折"内页反面设计细节图 1

图 5-14　"观音文化节佛卡折"内页反面设计细节图 2

图 5-15　"观音文化节佛卡折"内页反面设计细节图 3

（a）

（b）

图5-16 "观音文化节佛卡折"外盒套设计

(a)

(b)

图 5-17 "观音文化节佛卡折"成品图

5.4

第四阶段：定稿和印刷

出版物定稿和印刷阶段是出版物设计的最后阶段。

图 5-18 所示为"观音文化节佛卡折"出版物成品效果图。

图 5-18　"观音文化节佛卡折"出版物成品效果图

课后练习，具体内容如表 5-1 至表 5-2 所示。

表 5-1　实训十三

实训名称	单本——出版物设计
实训目的	通过出版物设计练习，掌握基本应用软件，熟悉纸张开本及装订技术，具有单本出版物设计的能力
实训内容	出版物设计的所有要素，包括封面、书脊、封底、扉页、目录、内页等
实训要求	根据出版物设计报告进行设计，也可根据出版物品牌的特点进行个性化设计
实训步骤	草图→审稿→定稿→手绘效果→电脑制作
实训资料	《书籍设计基础》《书籍设计与印刷工艺》《书艺问道》《什么是出版设计》《手工装帧基础技法 & 实作教学》《品牌设计》
实训向导	根据出版物设计报告进行出版物设计，表现出版物特色形象
实训体会	

表 5-2   实训十四

实训名称	系列多本——出版物设计
实训目的	为适合大多数品牌类别，按不同种类、不同内容的项目分别设计系列多本出版物。通过系列多本出版物设计训练，掌握系列多本出版物设计的应用能力
实训内容	对系列多本出版物进行设计，包括对封面、书脊、封底、扉页、目录、内页等的设计
实训要求	根据出版物品牌实际应用设计，突现出版物品牌的特点进行系列多本出版物设计
实训步骤	草图→审稿→定稿→手绘效果→电脑制作
实训资料	《书籍设计基础》《书籍设计与印刷工艺》《书艺问道》《什么是出版设计》《手工装帧基础技法 & 实作教学》《品牌设计》
实训向导	根据出版物设计报告进行出版物设计，表现系列多本出版物特色形象
实训体会	

商业项目——武汉鑫金星印务有限公司画册设计图如图 5-19 所示。

图 5-19   商业项目——武汉鑫金星有限公司画册设计图

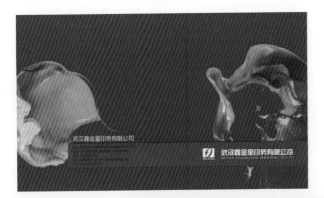
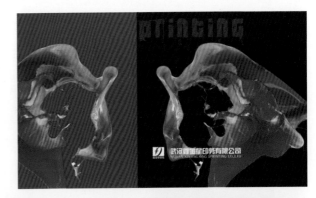

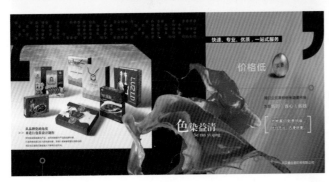
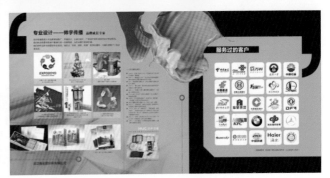

续图 5-19

第六章

出版物设计印刷工艺

CHUBANWU SHEJI YINSHUA GONGYI

任务概述

学生初识出版物设计印刷工艺，通过对出版物设计印刷工艺的基本知识的学习，理解出版物设计印刷工艺操作要点，并对出版物设计印刷工艺的要求有一定的了解。

能力目标

对出版物设计印刷工艺操作要求有认知，并能够对出版物设计印刷工艺形式进行分类。

知识目标

了解出版物设计印刷工艺的基本要点和不同的分类。

素质目标

提高学生的自我学习能力、语言表达能力和设计制作能力。

6.1
常见的出版物印刷工艺

印刷工艺是将人的视觉、触觉信息物化再现的全部过程。现代印刷工艺是创造出版物形态的重要保证，可以有效地延伸和扩展设计者的艺术构思、形态创造以及审美情趣。我们必须了解和掌握出版物的印刷流程，才能实现设计构思的完美物化形态。

印刷的工艺很多，不同种类的印刷其操作不同，印刷效果也不同。目前常见的印刷工艺有五种，即凸版印刷、凹版印刷、平版印刷、丝网印刷和数码印刷。

6.1.1　传统的印刷工艺

1. 雕版印刷

雕版印刷就是凸版印刷，是一种最古老的印刷方法。

我国的雕版印刷术大概在隋末唐初时期出现，在唐代得到发展，并逐渐应用到雕版印书上。《金刚般若波罗蜜经》简称《金刚经》，雕版印刷版本的《金刚经》是发现于我国境内有确切日期记载的最早的印本书，可以说是世界上现存年代较早又最为完整且印刷技术相当成熟的印刷品，是一部首尾完整的卷轴装书。该书长约 528 厘米，高约 33 厘米，由 7 个印张粘接而成；另加一张扉画，该扉画布局严谨，雕刻精美，功力纯熟，表明在 9 世纪中叶，我国的书籍插图已进入相当成熟的时期（见图 6-1）。

2. 活字印刷

据《中华印刷通史》记载，毕昇是在宋代庆历年间（1041—1048）发明了泥活字；又据北宋沈括记载，毕昇是普通老百姓，他的活字是用胶泥制作的，厚薄近似铜钱的厚度，每一个字为一个独立印字（活字），经过火烧后很坚固，实质上成为陶质活字（见图 6-2）。毕昇成功地创造了泥活字制作工艺，这是书籍印刷工艺史上的又一次重大革新，比德国古登堡用活字排印书籍要早 400 年。

图 6-1　雕版印刷版本《金刚经》的插图

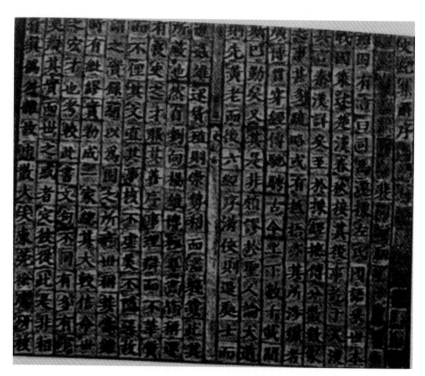

图 6-2　活字模型图

活字印刷传到西方后，受到热烈欢迎，因为它更适合拼音文字。活字最初是木活字，经过改进而成为铅活字，逐渐成为在世界范围占统治地位的印刷方式。清朝晚期，随着西方铅活字排印技术的传入，中国书籍的印刷工艺走上了铅字排印的道路。后来，随着印刷工艺逐渐发展，胶版印刷工艺出现了。

从 20 世纪初中国书籍印刷工艺引进西方科学技术至今，书籍印刷工艺手段可谓无奇不有，似乎只有想不到的效果而没有完不成的工艺。各种印刷手段悉数登场，如起凸、压凹、烫电化铝、烫漆片、UV 上光、覆膜、激光雕刻等工艺手段都各具特色，为不同书籍塑造各具表现力的个性形象。

6.1.2　现代印刷工艺介绍

1. 平版印刷

平版印刷源于石版印刷，在 1789 年由巴伐利亚剧作家菲尔德发明。它应用了油水分离的原理，将石版或印版表面的油墨直接转印到纸张表面，之后改良以金属锌版或铝版为印版，但印刷原理不变。

平版印刷的印版的印刷部分和空白部分无明显高低之分，几乎处于同一平面上。印刷部分通过感光方式或转移方式而具有亲油性，空白部分通过化学处理而具有亲水性。在印刷时，利用油水相斥的原理，首先在版面上湿水，使空白部分吸附水分，再往版面上滚油墨，使印刷部分附着油墨；空白部分因已吸附水，而不能再吸附油墨；然后使承印物与印版直接或间接接触，加以适当压力，油墨便移至承印物上形成印刷品（见图 6-3）。

平版印刷的印刷制作过程一般为：给纸→湿润→供墨→印刷→收纸。

平版印刷优势：平版印刷工艺简单，成本低廉，印刷成品色彩准确，可以大批量印刷。因此，平版印刷在近代成为使用最多的印刷工艺。平版印刷主要用于书籍、杂志、包装等的印刷工艺中。

2. 丝网印刷

丝网印刷是孔版印刷（见图 6-4）的一种，简称丝印，是油墨在强力作用下通过丝网漏印形成图像的印刷工艺。

丝网印刷制作过程以网框为支撑，以丝网为版基，根据印刷图像的要求，在丝网表面制作遮挡层，遮住的部分阻止油墨通过，通过刮板施力将油墨从丝网版的孔中挤压到承印材料上。丝网印刷适应范围广泛，既可在平面上印刷，也可在曲面、球面及凹凸面的承印物上进行印刷；既可在硬物上印刷，也可以在软材料上印刷。丝网印刷墨层厚实，立体感强，质感丰富，耐光性强，色泽鲜艳，油墨调配方法简便，印刷幅面较大。此外，丝网印刷设备简单，操作方便，印刷、制版简易且成本低，适应性强。

3. 凸版印刷

凸版印刷的原理比较简单。凸版印刷的印版的印刷部分高于空白部分，而且所有印刷部分均在同一平面上。印刷时，在印刷部分敷以油墨，空白部分因低于印刷部分，所以不能粘附油墨；然后使纸张等承印物与印版接触，并加以一定压力，使印版上印刷部分的油墨转印到纸张上，从而得到印刷成品（见图6-5）。

凸版印刷上的图文都是反像，图文部分与空白部分不在一个平面。印刷时，油墨滚过印版表面，油墨经过凸起的部分均匀地沾上；承印物通过印版时，经过加压，印版附着的油墨被印到承印物表面，从而获得了印迹清晰的正像图文印品。凸版印刷适合小幅面的印刷品。

凸版印刷的印刷成品的表面有明显的不平整度，这是凸版印刷品的特征。凸版印刷的方式主要有木刻雕版印刷、铅活字版印刷和感光树脂版印刷。现代工艺的凸版印刷以感光树脂版印刷为主。凸版印刷的优点是油墨浓厚，色彩鲜艳，油墨表现力强；缺点是铅字不佳时会影响字迹的清晰度，同时凸版印刷不适合大开本的印刷。

4. 凹版印刷

凹版印刷简称凹印，是一种直接的印刷工艺。凹版印刷的印版的印刷部分低于空白部分，而低凹程度又随图像的层次而深浅不同，图像层次越暗，其深度越深，空白部分则在同一平面上。印刷时，在全版面涂布油墨后，用刮墨刀刮去平面上（即空白部分）的油墨，使油墨只保留在印版低凹的印刷部分上，再在版面上放置吸墨力强的承印物，施以较大压力，使版面上印刷部分的油墨转移到承印物上，从而获得印刷成品（见图6-6）。

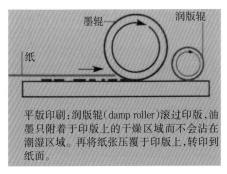

图6-3 平版印刷

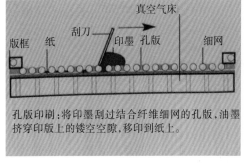

图6-4 孔版印刷

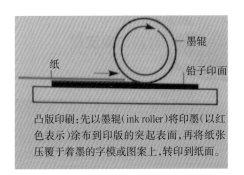

图6-5 凸版印刷

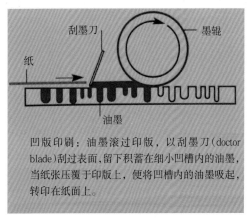

图6-6 凹版印刷

凹版印刷因其版面上印刷部分凹陷的深浅不同，所以其印刷部分的油墨不等，其印刷成品上的油膜层厚度也不一致，油墨多的部分颜色较浓，油墨少的部分颜色就淡，因而可使图像有浓淡不等的色调层次。凹版印刷主要应用于书籍产品目录等精细出版物，也应用于装饰材料等特殊领域，如木纹装饰、皮革材料等。

凹版印刷作为印刷工艺的一种，以其印制品墨层厚实、颜色鲜艳、饱和度高、印版的重复使用率高、印品质量稳定、印刷速度快等优点而广泛应用于图书出版领域，但其印前制版技术复杂、周期长、成本高。

5. 数码印刷

数码印刷是在打印技术的基础上发展起来的一种综合技术，它以电子文本为载体，通过网络传递给数码印刷设备，实现直接印刷。数码印刷是一种把电脑文件直接印刷在纸张上，有别于传统印刷烦琐的工艺过程的全新印刷方式。数码印刷具有一张起印、无须制版、立等可取、即时纠错、按需印刷等特点，具有简单、快捷、灵活等优势。

6.2
出版物印刷流程

如图 6-7 所示，出版物印刷的基本流程是：印前→印刷→印后加工。

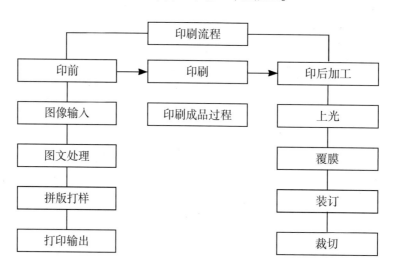

图 6-7　印刷流程图

6.2.1　印前

印前流程是：文字编排→版面设计→封面设计→打样→出片。

① 文字编排：文字录入→初校→修改→二校→修改→终校。

② 版面设计：初排→初审（统一文字、标题、格式、体例）→修改→二审→修改→终审。

③ 封面设计：美术设计→确定装帧方式→初审→修改→终审。

完成上述三项内容后，由责任人（通常是总编辑）签字定稿，定稿之后打样出片，出片之后由责任编辑核对，最后送往印刷厂。

6.2.2　印刷

印刷流程是：记录→拼版→晒版→切纸→印刷→大检。

① 记录：对来稿编号登记，进而开出生产工艺单（包含拼版工艺、印刷工艺、装订工艺、印数、纸张尺寸、成品尺寸、付印时间等）。

② 拼版：按工艺单拼版（装订方式不同，拼版便不同），折手检查，待晒。

③ 晒版：按工艺单要求晒版（图文色彩不同时，需要增减晒版时间），修版，待印。

④ 切纸：按工艺单要求裁切大纸，按版面核对纸张数量，待印。

⑤ 印刷：按工艺单要求印刷，印出第一张纸并按折手折样，严格追样色彩格式（特殊情况下需要作者看样），保证质量（规矩准确、正反套印准确、水墨平衡）。

⑥ 大检：检验质量、规矩、数量并记录最终合格成品的实际数量，保证装订加放。

6.2.3　印后加工

印后加工流程是：记录→大页初检→折页→装订（骑马订/索线订/无线胶订/索线胶订）→精装→封面工艺→覆膜（UV→烫金→起凸）→成品检验→包装贴签→入库。

6.3
出版物特殊印刷工艺

出版物特殊印刷工艺是在印刷加工的过程中为了追求特殊的效果而衍生出来的技巧和手法。在现代书籍印刷中，特殊印刷工艺主要应用于印后，一般包括上光工艺、覆膜工艺、烫印工艺、凹凸压印工艺、模切压痕工艺（见图6-8）、打孔工艺（见图6-9）等工艺技术。印后工艺的使用会对书籍的整体效果起到画龙点睛的作用。

图 6-8　模切压痕工艺图

图 6-9　打孔工艺图

6.3.1 模切

为了在设计作品中表现丰富的结构层次和趣味性的视觉体验，设计师往往利用模切工艺对印品进行后期加工，通过模切刀切割出所需要的不规则的任意图形，使设计品更有创意。

6.3.2 切口装饰

切口装饰是一种特殊的书籍切口装帧技术，它以书籍书口的厚度作为印刷平面进行印制。人们最早是通过镀金、镀银的方法在书口进行装饰，以保护书籍的页边，而现在主要利用切口装饰来增添书籍设计的装饰效果（见图 6-10）。

图 6-10 切口装饰图

6.3.3 打孔

打孔是利用机器在纸面上冲压出一排微小的孔洞。纸面一部分可以通过手撕方法与其他部分进行分离，这种手撕方法又称撕米线。

6.3.4 凹凸压印

凹凸压印是对印刷品表面装饰加工的一种特殊的加工技术。它使用凹凸模具，在一定的压力作用下，在平面印刷物上形成立体三维的凸起或者凹陷效果（见图 6-11）。

凹凸压印时不使用油墨，而是直接利用印刷机的压力进行压印，操作方法与凸版印刷的相同，但凹凸压印的压力更大。如果质量要求高或纸张比较厚，硬度比较大，也可以采用热压，即将印刷机的金属版接通电源后再施压。凹凸压印要求凹凸面积不宜过大或过小。

图 6-11　凹凸压印图

6.3.5　烫印

烫印习惯上又叫烫金、烫银或者过电化铝，是一种利用金属箔或颜料箔，通过热压将图文转印到印刷品或其他物品表面上，以增加装饰效果的印刷工艺。在精装书封壳的护封或封面及书脊部分烫上色箔等材料制成的文字和图案，或用热压方法压印上各种凹凸的书名或花纹，都可加强精装书的装饰效果（见图 6-12）。烫印箔的品种很多，有亮金、亮银、亚金、亚银、刷纹、铬箔、颜料箔等，色彩丰富，装饰效果好。

图 6-12　烫印图

图 6-13 书籍毛边效果图

6.3.6 毛边

纸张边缘会在造纸的过程中产生粗糙的毛边。一般来说，机器造纸会有两个毛边，而手工造纸会有四个毛边。纸张毛边的发生是造纸的正常现象，毛边往往在后期加工中被裁掉，但是设计师可以有意识地利用这种毛边效果进行设计创作，能够带来耳目一新的感觉（见图 6-13）。

6.3.7 覆膜

给塑料薄膜涂上黏合剂后，将其与以纸为承印物的印制品，经橡皮滚筒和加热滚筒加压后黏合在一起，形成纸塑合一的产品，这种后期加工工艺叫覆膜。

6.3.8 UV 上光

UV 上光是在印刷品的表面涂布一层无色透明涂料，通过紫外光干燥，固化油墨的后期加工工艺。这种工艺可以在印刷品表面形成一层光亮的保护层以增加印刷品的耐磨性，还可以防止印刷品受到污染。同时 UV 上光工艺能够提高印刷品表面的光泽度和色彩的纯度，从而提升整个印刷品的视觉效果（见图 6-14），是设计师较为常用的一种后期加工工艺。目前 UV 上光已经涵盖胶印、丝网、喷墨、移印等领域。

图 6-14 UV 上光图

整案操作

此作业适合高年级出版物设计课程以及毕业作品设计。由教师指定或学生自行设定一种品牌，可以是文化类出版物设计实践，譬如，主题小说绘本设计、主题图片摄影集设计、个人品牌的作品集设计等；也可以是商业类出版物设计实践，譬如，企业品牌的公司画册设计、产品品牌的产品画册设计、空间品牌的展示画册设计等。（可进行虚拟出版物的设计，也可在现有的某个品牌的基础上进行改良性的出版物设计）

1. 在调研与市场分析的基础上，制定出版物设计定位，制作出版物设计分析报告 PPT。（0.5 周）
2. 出版物书名命名方案，制作命名方案报告 PPT，进行出版物书名设计。（0.5 周）
3. 进行出版物书名设计、封面设计、书脊设计、封底设计、扉页设计、目录设计、护封设计等出版物外

部封面整体元素的设计、开发。（1~1.5周）

4.展开章节分割页设计、内页正文设计等出版物内部整体元素的设计、开发。（1~1.5周）

5.制定出版物装订及印刷工艺的设计，建议分 1~2 个阶段，每阶段配合学生作业演示，并展开讨论和点评指导。（1周）

学生习作——《当青葱撞上岁月》个人品牌的作品集设计图如图 6-15 所示。

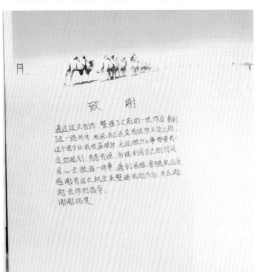

图 6-15　学生习作——《当青葱撞上岁月》个人品牌的作品集设计图

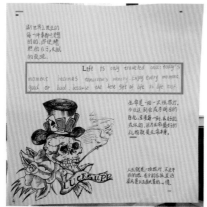
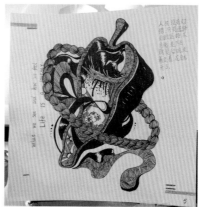

续图 6-15

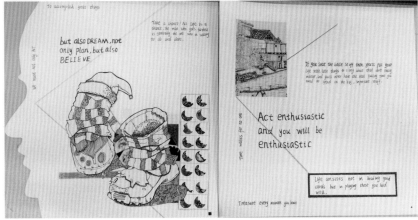

续图 6-15

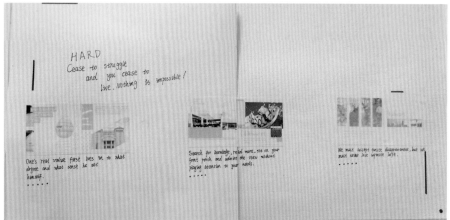

续图 6-15

[1] 李昱靓.书籍设计 [M].北京：人民邮电出版社，2015.

[2] 雷俊霞.书籍设计与印刷工艺 [M].北京：人民邮电出版社，2015.

[3] [英] 拉克希米·巴斯卡拉安.什么是出版设计 [M].初枢昊，译.北京：中国青年出版社，2008.

[4] 李建强，吴利锋，蔡根宝.纸质媒体设计 [M].青岛：中国海洋大学出版社，2015.

[5] 许楠，魏坤.版式设计 [M].北京：中国青年出版社，2009.

[6] 吕敬人.书籍设计基础 [M].北京：高等教育出版社，2012.

[7] 吕敬人.书艺问道 [M].北京：中国青年出版社，2006.

[8] 肖柏琳，魏鸿飞，邹永新.书籍装帧设计 [M].长春：东北师范大学出版社，2013.

[9] 李致忠.简明中国古代书籍史（修订本）[M].北京：国家图书馆出版社，2008.

[10] 杨永德，蒋洁.中国书籍装帧 4000 年艺术史 [M].北京：中国青年出版社，2013.

[11] 乔瑟夫·坎伯拉斯.手工装帧基础技法 & 实作教学 [M].新北：枫书坊文化出版社，2014.

[12] [波] 别内尔特，关木子.书籍设计 [M].沈阳：辽宁科学技术出版社，2012.

[13] [英] 安德鲁·哈斯兰.书设计 [M].陈建铭，译.台北：原点出版社，2014.

[14] 钟芳玲.书天堂 [M].北京：中央编译出版社，2012.

致谢

CHUBANWU SHEJI

这是一次艰辛的旅程。在繁杂工作的间隙里展开这样的写作，对我而言是对多年来教学成果的整理和总结。而当我憧憬着新书墨香飘扬时，我相信我能成功地实现自我超越。

我衷心感谢宗林老师和杨梦姗老师为本书编写了部分内容和商业实例；感谢过往的朋友与事业伙伴，正是他们的认同和帮助为我的写作提供了丰富的氧气、水和土壤；同样也感谢出版社的编辑，正是他们对图书的精到理解和果敢的决策，才使本书得以出版。借此机会，我还想感谢出版社的同人们，正是有他们勤勉细致的执行跟进，本书才能被润饰一新，加之明朗而且优雅的装帧设计，使我对它的价值能被读者认可更有信心。

这是一个漫长的写作历程。我的父亲和母亲在遥远的故乡包容我长时间辗转他乡。未尽些许孝心的我但愿在不远的将来能够有时间略尽为人子女的责任。在我远游他乡期间，我的小妹和妹夫代我照顾父母，我在此表示深深的感谢，他们的理解和支持使远在他乡的我少了一些牵挂，多了一些果敢和勇气。在我写书期间，我的公公和婆婆代为照顾我年幼的儿子，我也在此表示深深的感谢。

最后，我想要把这本书献给我相濡以沫的丈夫，他是我最爱的人，是我最知心的朋友，也是这本书的第一读者。在我与他相识以来，我一次次地缺席家庭的集体活动，都得到了他的理解和支持。很难想象，如果没有他在我身边长期默默陪伴和照顾，我是否还有勇气和精力走完这一段近乎静默期的征程。

本教材在编写过程中引用和参阅了众多专家、学者的著作和作品图片，由于篇幅所限，未能一一列明，敬请谅解。感谢黄菁老师对本教材进行了梳理和校对，感谢学生们提供学生习作，感谢武昌理工学院艺术设计学院的张之明、熊伟、高松对本教材的关心和支持。

因本人孤陋寡闻、才疏学浅，再加上时间仓促，书中难免有错漏之处，恳请读者批评斧正，不吝赐教。

喻 荣

武昌理工学院